Klick! 6

Mathematik

Herausgegeben von
Prof. Dr. Franz B. Wember

Erarbeitet von
Dr. Thomas Breucker
Christel Gerling
Maike Schindler
Petra Kühne
Ines Zemkalis

Unter Beratung von
Bärbel Becher
Dr. Stefanie Breuers
Meike Busch
Daniela Buss
Kerstin Gärtig
Elisabeth Jenert
Birgit Leuermann
Daniela Linde
Cornelia Michalski
Dr. Axel Mittelberg

Cornelsen

Inhaltsverzeichnis

Subtraktion

Gewichte

Kreis

Multiplikation

Längen

Flächeninhalt

Brüche

Körper

Division

Zeit

schwierige Aufgaben
Entdeckeraufgaben
Partnerarbeit
Gruppenarbeit
über Mathematik sprechen
Lösungen finden und vortragen
Kontrollzahlen
Projektaufgaben

0
5000
10 000
100
200
300
400
500
600
700
800
900
1000
H Z E
664 : 4 = 166
4
26
24
24
24
0

Addition und Subtraktion bis 1000

1 Lege nach. Schreibe immer drei Aufgaben in dein Heft. Rechne.

a)	b)	c)
2 + 7	8 − 5	3 + 4
4 + 3	3 − 2	9 − 6
9 + 0	6 − 4	5 + 2
7 + 1	5 − 5	4 − 1
5 + 4	8 − 3	6 + 1

2

a)	b)	c)	d)
4 + 5	50 + 400	60 − 7	700 − 60
500 + 400	40 + 50	7 − 6	600 − 7
400 + 50	5 + 40	600 − 70	70 − 6
50 + 4	500 + 40	700 − 6	700 − 600
400 + 5	4 + 500	70 − 60	60 − 60

3 Bilde Aufgaben und rechne im Heft.

a) 140 450 220 310 630 510 + 40 20 100 300 200

b) 570 890 660 450 980 770 − 30 50 200 400 300

Stelle die Aufgaben deinem Partner zum Kopfrechnen.

4 Lege mit dem Material. Zerlege und rechne.

a)	b)	c)	d)
180 + 50	370 + 80	230 − 70	610 − 60
180 + 20 + 30	370 + ▢ + ▢	230 − 30 − 40	610 − ▢ − ▢

e)	f)	g)	h)	i)
620 + 90	570 + 70	460 − 70	760 − 90	330 − 60
550 + 60	130 + 90	740 − 50	250 − 80	640 + 70
260 + 70	490 + 80	540 − 60	820 − 50	580 − 90
890 + 60	740 + 90	350 − 90	910 − 20	480 + 60
250 + 90	360 + 80	970 − 90	430 − 80	620 − 40

5 Die Klasse 6a fährt ins Schullandheim.

a) Die Busfahrt kostet 325 €. Für die Unterbringung werden 590 € bezahlt.

b) Der Förderverein gibt einen Zuschuss von 265 €.

Schriftliche Addition

Anna rechnet die Aufgabe:

139 + 543

Zuerst addiere ich die **Einer** und bündele sie:
9 **plus** 3 **gleich** 12
Ich schreibe 2 **Einer** und übertrage 1 **Zehner**.

Dann addiere ich die **Zehner**:
3 **plus** 4 **plus** 1 **gleich** 8

Zum Schluss addiere ich die **Hunderter**:
1 **plus** 5 **gleich** 6

Anna schreibt:

	H	Z	E
	1	3	9
+	5	4	3
		1	
			2

	H	Z	E
	1	3	9
+	5	4	3
		1	
		8	2

	H	Z	E
	1	3	9
+	5	4	3
		1	
	6	8	2

1 Rechne schriftlich. Überprüfe mit dem Material.

	H	Z	E
	2	5	3
+	1	3	8

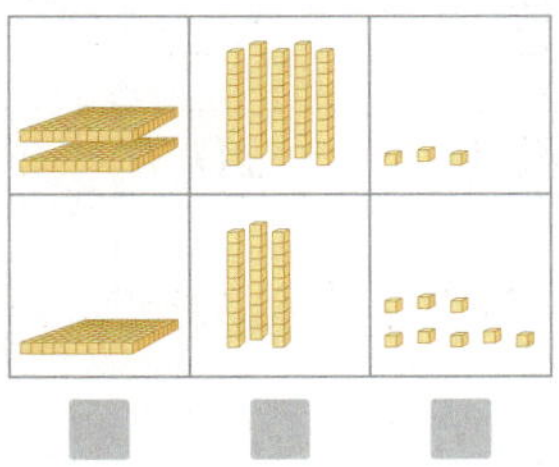

a) 253 + 138
528 + 267
465 + 428
612 + 329
275 + 717

b) 652 + 174
278 + 461
156 + 293
593 + 342
792 + 125

2 Schreibe stellengerecht in dein Heft und rechne.
Kontrolliere mit dem Taschenrechner.

a) 746 + 127
381 + 537
146 + 616

b) 428 + 270
160 + 593
245 + 730

c) 502 + 176
454 + 302
706 + 285

d) 374 + 316
477 + 262
679 + 140

e) 390 + 486
605 + 319
827 + 159

3 Achtung: Freie Stelle! Schreibe stellengerecht in dein Heft und rechne.

	H	Z	E
	8	7	2
+		2	5

a) 872 + 25
684 + 32
527 + 69

b) 263 + 82
748 + 16
455 + 73

c) 109 + 44
590 + 95
931 + 39

d) 380 + 57
666 + 83
491 + 70

🔑 153 345 437 528 561 596 685 716 732 749 764 897 970

Schriftliche Subtraktion ohne Übertrag

Ole rechnet die Aufgabe:

468 – 153

Zuerst subtrahiere ich die **Einer**:
8 **minus** 3 **gleich** 5

Dann subtrahiere ich die **Zehner**:
6 **minus** 5 **gleich** 1

Zum Schluss subtrahiere ich die **Hunderter**:
4 **minus** 1 **gleich** 3

Ole schreibt:

	H	Z	E
	4	6	8
–	1	5	3
			5

	H	Z	E
	4	6	8
–	1	5	3
		1	5

	H	Z	E
	4	6	8
–	1	5	3
	3	1	5

1 Rechne schriftlich. Überprüfe mit dem Material.

	H	Z	E
	3	5	2
–	1	3	1

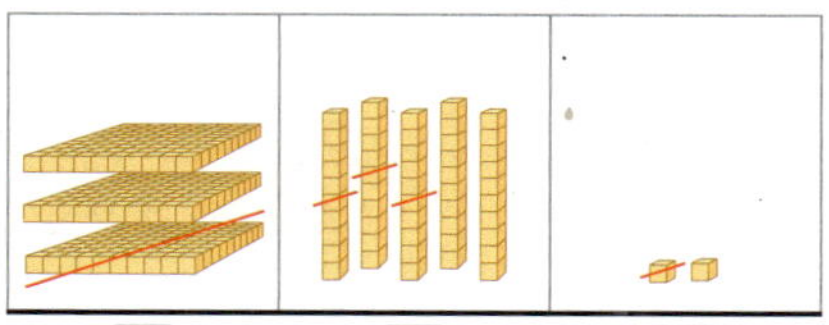

a) 352 – 131
697 – 285
976 – 742
735 – 422
375 – 201

b) 584 – 312
829 – 517
286 – 164
643 – 231
938 – 505

2 Schreibe stellengerecht in dein Heft und rechne.

a) 864 – 230
528 – 410
397 – 120

b) 427 – 103
859 – 406
743 – 202

c) 351 – 141
578 – 273
867 – 825

d) 985 – 670
485 – 435
552 – 411

e) 679 – 550
897 – 623
794 – 391

42 50 118 129 141 210 274 277 305 315 324 403 453 533 541 634

3 Übertrage ins Heft und rechne. Rechne zur Probe die Umkehraufgabe.

	3	8	9
–	1	3	5
	2	5	4

Probe:

	2	5	4
+	1	3	5
	3	8	9

a)

	4	7	8
–	3	5	4

b)

	7	5	6
–	1	3	0

c)

	6	1	4
–	3	0	2

d)

	9	8	6
–	4	1	6

e)

	5	8	1
–	1	0	1

Ergänzungsverfahren als Alternative S. 144

Schriftliche Subtraktion mit einem Übertrag

Paul rechnet die Aufgabe:

526 – 184

Paul schreibt:

Zuerst subtrahiere ich die **Einer**:
6 **minus** 4 **gleich** 2

	H	Z	E
	5	2	6
–	1	8	4
			2

Jetzt subtrahiere ich die **Zehner**:
2 **minus** 8 **kann ich nicht rechnen**.
Ich wechsle 1 **Hunderter** in 10 **Zehner**.
Jetzt habe ich nur noch 4 **Hunderter**.

	H	Z	E
	4		
	~~5~~	2	6
–	1	8	4
			2

Ich habe nicht mehr 2 **Zehner**, sondern 12 **Zehner**.
Nun kann ich die **Zehner** subtrahieren:
12 **minus** 8 **gleich** 4

	H	Z	E
	4	12	
	~~5~~	~~2~~	6
–	1	8	4
		4	2

Zum Schluss subtrahiere ich die **Hunderter**:
4 **minus** 1 **gleich** 3

	H	Z	E
	4	12	
	~~5~~	~~2~~	6
–	1	8	4
	3	4	2

1 Rechne wie Paul und überprüfe mit dem Material.

a)

	H	Z	E
	8	4	6
–	3	2	9

b)

	H	Z	E
	6	1	8
–	4	5	3

c)

	H	Z	E
	9	3	3
–	5	1	7

d)

	H	Z	E
	7	5	9
–	4	6	1

e)

	H	Z	E
	5	4	6
–	3	2	8

2 Schreibe stellengerecht in dein Heft und rechne.
Überprüfe mit dem Taschenrechner.

a) Achtung: Freie Stelle!

	H	Z	E
	1	8	7
–		6	2

574 – 91
261 – 7
954 – 16
395 – 43

b) Achtung: Null!

	H	Z	E
	2	6	3
–	1	4	0

391 – 150
940 – 220
486 – 381
763 – 662

c) 583 – 38
★ 789 – 290
696 – 69
478 – 376
123 – 9
730 – 370

Ergänzungsverfahren als Alternative S. 144

Orientieren im Zahlenraum bis 10 000

1 A „Ein Igel hat ungefähr 8 000 Stacheln."

B „Ein Elefant wiegt ungefähr 4 500 kg."

C „Ein Wespenstaat besteht aus bis zu 7 000 Wespen."

D „Der Mississippi ist 3 730 km lang."

E „Die Zugspitze ist 2 962 m hoch."

Wie heißen die Zahlen? Kannst du sie lesen?

2 So kannst du die Zahlen legen. Welche Zahlen gehören zu den Bildern?

1 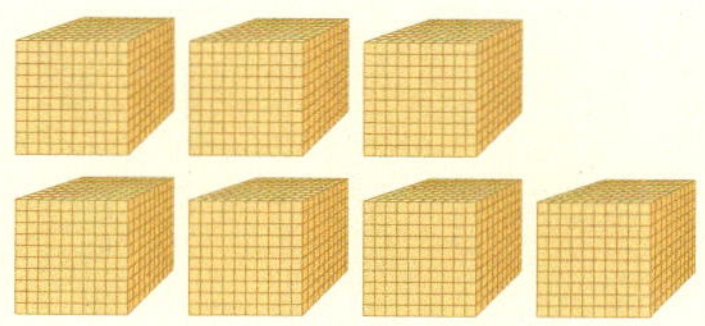

2 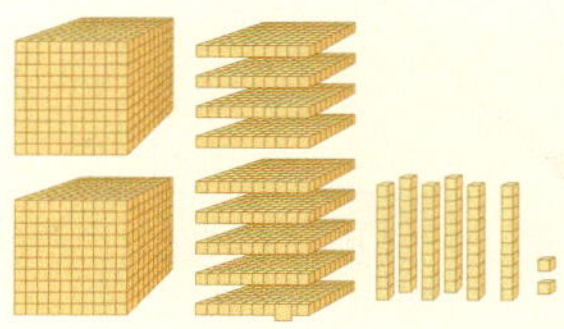

3 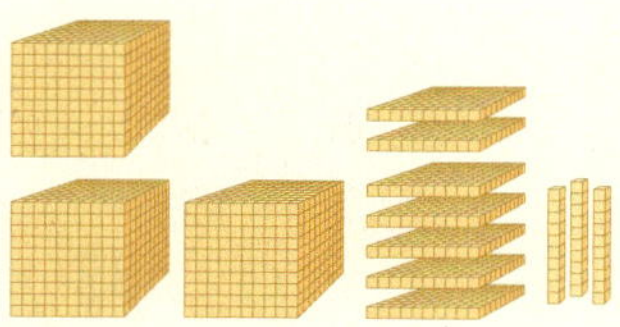

4 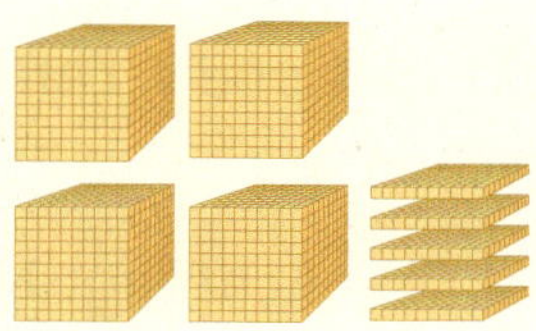

5 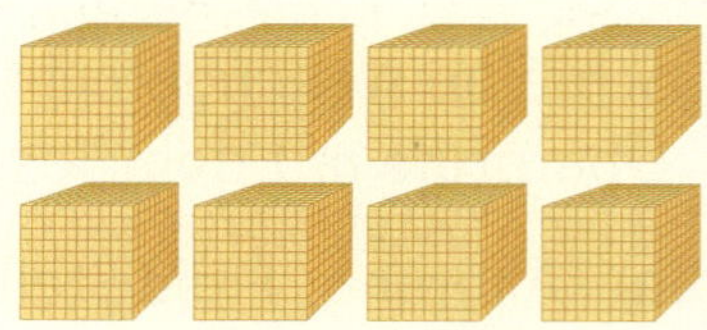

3 Wo findest du Zahlen, die größer sind als Tausend?

Tipp: Suche Berge, Flüsse, Tiere, Preise, Gewichte, Entfernungen …

Die Zahlen in der Stellenwerttafel

1

Tausenderblock

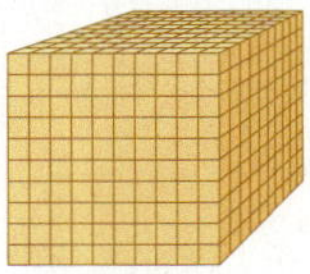

ZT	T	H	Z	E
	1	0	0	0

Hunderterplatte

ZT	T	H	Z	E
		1	0	0

Zehnerstange

ZT	T	H	Z	E
			1	0

Einerwürfel

ZT	T	H	Z	E
				1

Zehntausenderstange

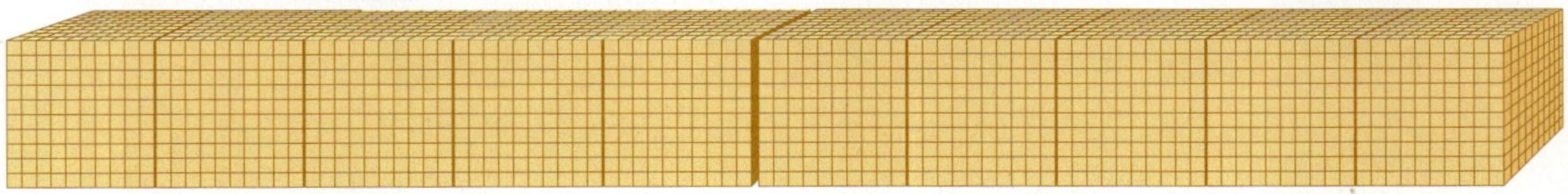

ZT	T	H	Z	E
1	0	0	0	0

a) Wie viele Einerwürfel sind eine Zehnerstange? 1 Z = ___ E

b) Wie viele Zehnerstangen sind eine Hunderterplatte? 1 H = ___ Z

c) Wie viele Hunderterplatten sind ein Tausenderblock? 1 T = ___ H

d) Wie viele Tausenderblöcke sind eine Zehntausenderstange? 1 ZT = ___ T

2 Anna legt eine große Zahl.
Sprich die Zahl.

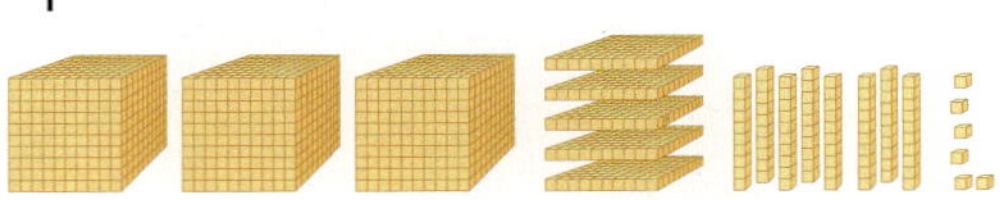

3000 + 500 + 80 + 6 = 3586

3 Lege und schreibe wie Anna. Sprich die Zahl.

a) 4000 + 200 + 90 + 3
7000 + 400 + 20 + 5

b) 2000 + 900 + 70 + 1
5000 + 100 + 80 + 2

c) 9000 + 300 + 40 + 8
1000 + 600 + 50 + 7

4 Murat legt Zahlen ohne Zehner. Lege und schreibe wie Murat. Sprich die Zahl.

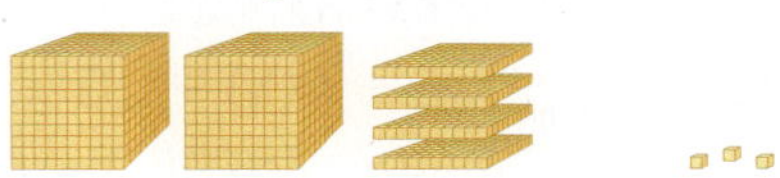

2 T + 4 H + 0 Z + 3 E = 2403

a) 2000 + 400 + 3
5000 + 200 + 2
8000 + 500 + 7

b) 9000 + 600 + 1
4000 + 400 + 4
7000 + 100 + 6

Übungen mit den Stellenwerten

1 Wie heißen die Zahlen? Trage in die Stellenwerttafel ein.

a) 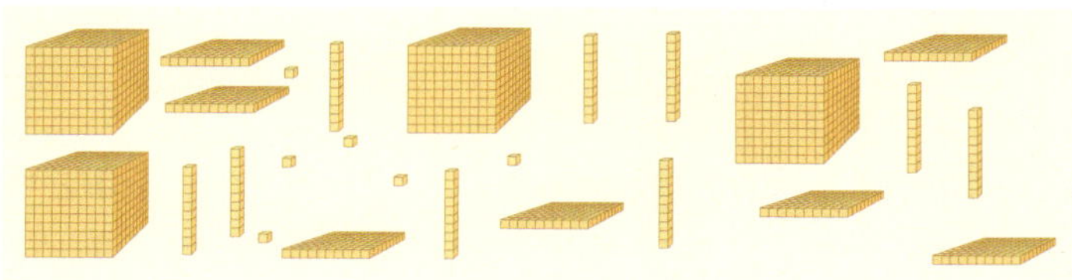

b) 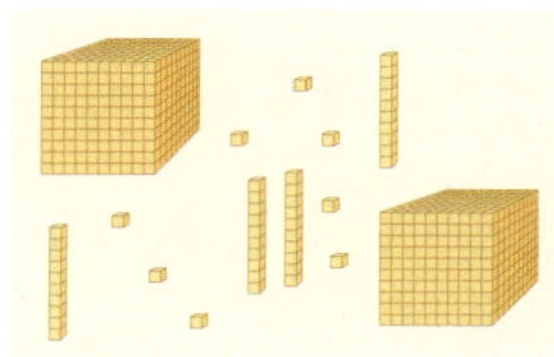

c) 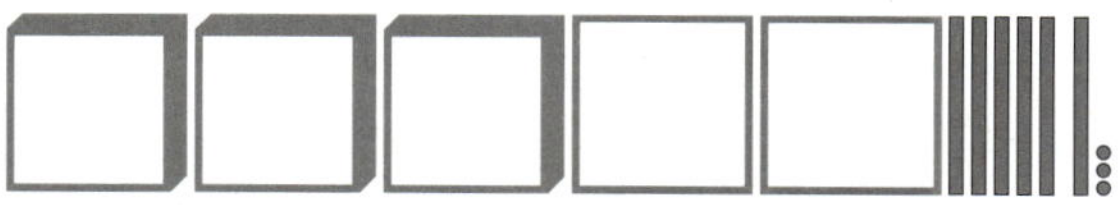

d) 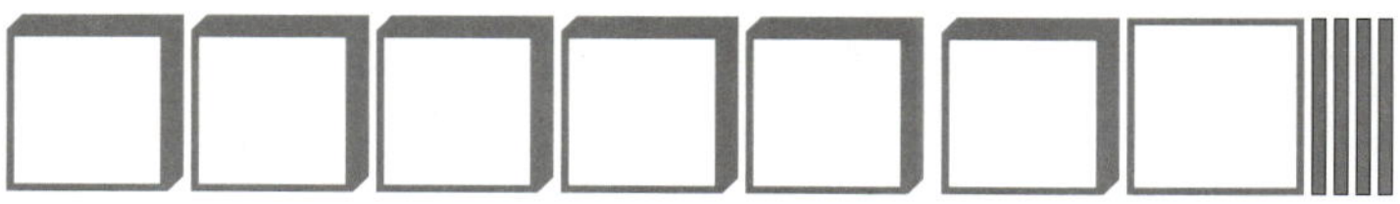

2 Bestimme die Zahl.

1 0 0 0 + 7 0 0 + 3 = 1 7 0 3

a)	b)	c)
1000 + 700 + 3	3000 + 90 + 6	9000 + 600 + 10
4000 + 400 + 4	5000 + 70 + 5	1000 + 400 + 30
7000 + 900 + 1	2000 + 20 + 2	8000 + 500 + 70
6000 + 100 + 5	8000 + 60 + 7	3000 + 300 + 30

3 Achtung, alles ist durcheinander. Ordne und notiere die Zahlen in der Stellenwerttafel.

	ZT	T	H	Z	E
3 0 0 0 + 2 0 + 7 =		3	0	2	7

a)	b)	c)
20 + 7 + 3000	7 + 9000 + 300 + 60	7000 + 30 + 200
800 + 30 + 9	600 + 40 + 1000 + 1	6 + 400 + 20
70 + 6000 + 3	500 + 5000 + 50 + 2	800 + 5000 + 9
900 + 6 + 5000	3 + 40 + 500 + 8000	1 + 9000 + 70

4 Erzähle.

5 Notiere die Zahlen wie Ömer in dein Heft.

a)

ZT	T	H	Z	E
	●●	●●●●	●●●●●● ●●●	●●●●

b)

ZT	T	H	Z	E
	●●●	●●●●●	●	

c)

ZT	T	H	Z	E
	●●●●●		●●●	●●●●● ●●

6 Wie heißen diese Zahlen?
Schreibe in dein Heft.

2 T + 4 H + 6 Z + 3 E = 2 4 6 3

a) 2T + 4H + 6Z + 3E
6T + 3H + 9Z + 5E
5T + 7H + 0Z + 6E
4T + 0H + 3Z + 0E

b) 1T + 4H + 9Z + 6E
3T + 5H + 0Z + 0E
7T + 0H + 9Z + 5E
6T + 0H + 7Z + 3E

★ c) 8H + 4T + 7E + 9Z
7E + 2H + 0Z + 5T
4Z + 3E + 7T + 0H
0T + 8Z + 0H + 5E

7 Zerlege diese Zahlen.
Schreibe in dein Heft.

6 3 4 9 = 6 0 0 0 + 3 0 0 + 4 0 + 9

a) 6349
3898
5709

b) 3089
2009
4356

c) 2307
3700
6921

d) 8444
3579
7090

e) 1809
3303
345

f) 3856
8013
6970

8 Nun seid ihr dran. Nehmt euch zwölf Plättchen. Einer legt die Plättchen in die Stellenwerttafel. Der Andere liest die Zahl vor. Danach wechselt ihr.

a) Findet möglichst große Zahlen.

b) Findet möglichst kleine Zahlen.

Zahlen werden gebündelt

Hier musst du bündeln.

ZT	T	H	Z	E
	●●●●●●●	●●	●●●●●●	●●●●●●●●●●●●●●

ZT	T	H	Z	E
	●●●●●●●	●●	●●●●●● ●	(●●●●●●●●●●) ●●●●
	7	2	7	4

1 Lege mit einem Partner nach. Nutze die Stellenwerttafel. Bündele wie Anna und schreibe in dein Heft.

a)

ZT	T	H	Z	E
	●●●	●●	●●●●	●●●●●●●●●●●●

b)

ZT	T	H	Z	E
	●●●●●●	●●●●	●●●	●●●●●●●●●●●●●●●●●

c)

ZT	T	H	Z	E
	●●●●	●	●●●●●●	●●●●●●●●●●●●●●●

d)

ZT	T	H	Z	E
	●	●●●	●●●●●●●	●●●●●●●●●●

e)

ZT	T	H	Z	E
	●●●●●●	●	●●●●	●●●●●●●●●●●●●●●●●●●●●●

f) ★

ZT	T	H	Z	E
	●●●●●●●●●	●●●●●●●●●	●●●●●●●●●	●●●●●●●●●●

2 Wie heißen die Zahlen? Nutze die Stellenwerttafel.

a) 6 T + 5 H + 0 Z + 14 E
2 T + 1 H + 7 Z + 13 E
4 T + 2 H + 5 Z + 10 E

b) 8 T + 4 H + 6 Z + 17 E
5 T + 2 H + 3 Z + 10 E
7 T + 8 H + 4 Z + 13 E

c) 7 Z + 4 T + 2 H + 16 E
1 T + 14 E + 1 H + 3 Z
0 H + 10 E + 8 Z + 3 T

3 Vergleiche immer zwei Zahlen. Setze die Zeichen <, > oder = ein.

1896 | 7342 | 5012 | 5012 | 2090 | 1999

9111 | 10000 | 9999 | 5020 | 7432 | 7234

4 ★ Wähle immer drei Zahlen aus Aufgabe 3. Ordne sie der Größe nach. Beginne mit der kleinsten Zahl.

Der Zahlenstrahl

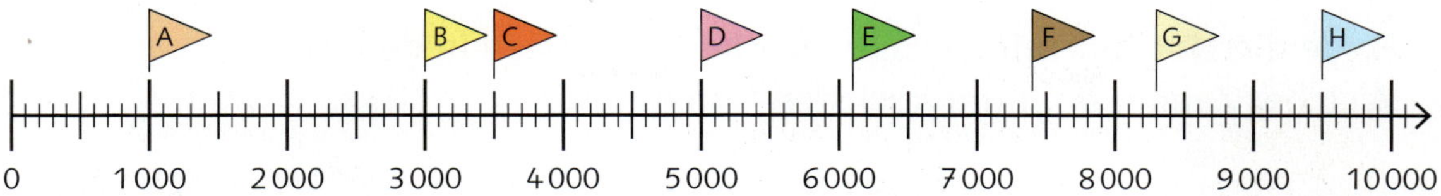

1 Wie heißen die markierten Zahlen? Schreibe sie auf.

A : 1 0 0 0

2 Zähle in Zehnerschritten vorwärts oder rückwärts.

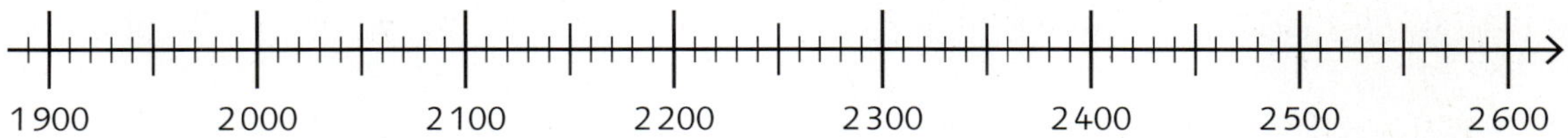

a) von 1900 bis 2000 b) von 1980 bis 2250 c) von 2450 bis 2600

d) von 2030 bis 1900 e) von 2070 bis 1960 f) von 2100 bis 2000

3 Zeige auf dem Zahlenstrahl und zähle vorwärts oder rückwärts.

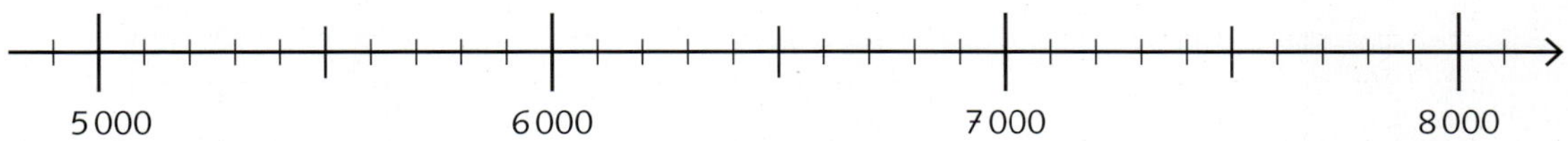

a) 5000, 5500, 6000, ..., 8000 b) 7200, 7000, 6800, ..., 5400

c) 5800, 6200, 6600, ..., 8200 d) 6500, 6400, 6300, ..., 5600

4 Ergänze zum nächsten Tausender.

a)	b)	c)
6800 + ■ = 7000	7600 + ■ = 8000	5100 + ■ = 6000
6200 + ■ = 7000	7200 + ■ = 8000	5300 + ■ = 6000
6500 + ■ = 7000	7700 + ■ = 8000	5900 + ■ = 6000
6400 + ■ = 7000	7300 + ■ = 8000	5800 + ■ = 6000

5 Zahlen-Palindrome

Zahlen, die man vorwärts und rückwärts lesen kann, ohne dass sie sich verändern, heißen Zahlen-Palindrome. Die Zahl 3553 ist ein Palindrom.

a) Finde selbst Zahlen-Palindrome. b) Finde große Zahlen-Palindrome.

c) Finde kleine Zahlen-Palindrome. d) Was fällt dir auf?

Nachbarn auf dem Zahlenstrahl

1 Finde die Nachbarzehner. Schreibe die drei Zahlen in dein Heft.
Welcher Zehner liegt am nächsten? Kreise ein.

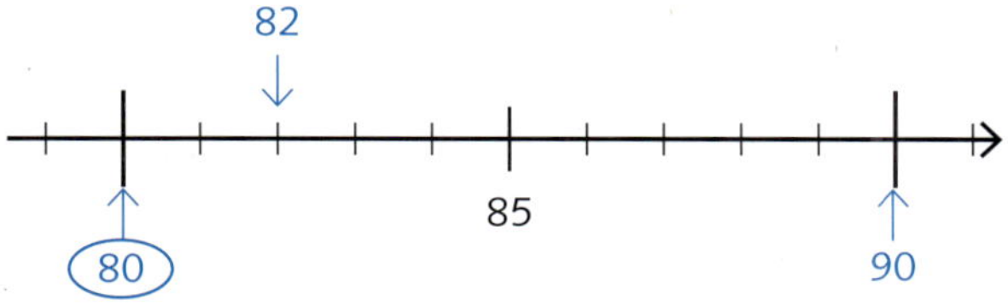

(80), 82, 90

a) ▢, 27, ▢
▢, 63, ▢
▢, 41, ▢
▢, 39, ▢

b) ▢, 537, ▢
▢, 572, ▢
▢, 549, ▢
▢, 584, ▢

c) ▢, 873, ▢
▢, 811, ▢
▢, 858, ▢
▢, 826, ▢

d) ▢, 167, ▢
▢, 145, ▢
▢, 123, ▢
▢, 189, ▢

2 Finde die Nachbarhunderter. Schreibe die drei Zahlen in dein Heft.
Welcher Hunderter liegt am nächsten? Kreise ein.

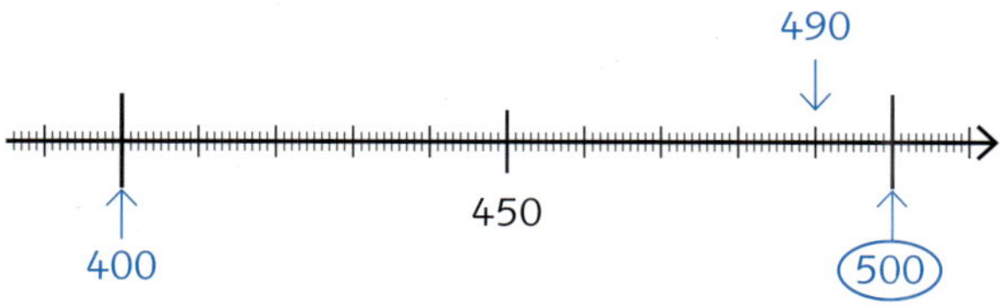

400, 490, (500)

a) ▢, 270, ▢
▢, 230, ▢
▢, 210, ▢
▢, 290, ▢

b) ▢, 780, ▢
▢, 720, ▢
▢, 790, ▢
▢, 740, ▢

c) ▢, 510, ▢
▢, 580, ▢
▢, 530, ▢
▢, 590, ▢

d) ★ ▢, 473, ▢
▢, 411, ▢
▢, 498, ▢
▢, 426, ▢

3 Finde die Nachbartausender. Schreibe die drei Zahlen in dein Heft.
Welcher Tausender liegt am nächsten? Kreise ein.

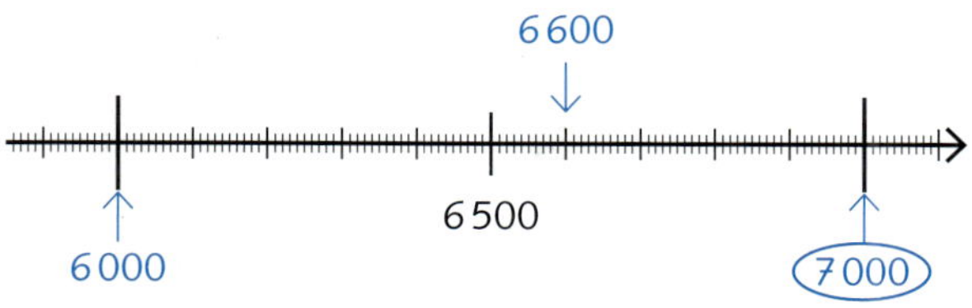

6000, 6600, (7000)

a) ▢, 1200, ▢
▢, 1900, ▢
▢, 1400, ▢
▢, 1700, ▢

b) ▢, 8600, ▢
▢, 8100, ▢
▢, 8300, ▢
▢, 8700, ▢

c) ▢, 4300, ▢
▢, 4900, ▢
▢, 4100, ▢
▢, 4800, ▢

d) ★ ▢, 6130, ▢
▢, 6610, ▢
▢, 6370, ▢
▢, 6910, ▢

Runden

Bei 1, 2, 3, 4 runde ich ab.

Bei 5, 6, 7, 8, 9 runde ich auf.

1 Runde zum Zehner.

a)	b)	c)	d)	e)	f)	g)	h)
91	15	53	45	654	259	315	819
82	27	59	42	763	365	521	625
74	39	71	63	872	478	737	432
63	48	76	68	981	586	944	243

2 Runde zum Hunderter.

a)	b)	c)	d)	e)	f)	g)	h)
910	150	730	350	614	296	519	594
820	870	790	320	723	357	628	683
340	390	210	530	832	488	737	772
630	480	260	580	941	569	846	851

3 Runde zum Tausender.

Abrunden zum Tausender
Du gehst bei den Hundertern auf dem Zahlenstrahl nach links, zurück zum nächsten Tausender.

Aufrunden zum Tausender
Du gehst bei den Hundertern auf dem Zahlenstrahl nach rechts, vor zum nächsten Tausender.

≈ Dieses Zeichen bedeutet „ungefähr gleich".

8 200 ≈ 8 000

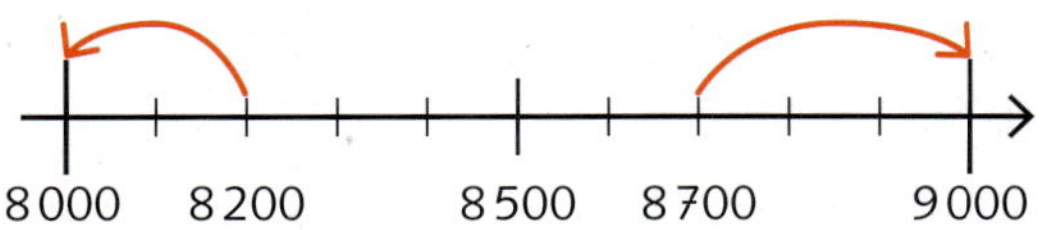

8 700 ≈ 9 000

a)	b)	c)	d)	e)	f)
8 400	1 500	5 300	2 500	5 140	5 960
6 300	3 700	3 900	4 200	4 230	4 570
4 200	5 900	3 100	2 800	3 320	3 880
2 100	7 800	5 600	4 300	2 410	2 690

4 Schreibe fünf Zahlen in dein Heft, die …

a) aufgerundet diese Zahlen ergeben:
2 000, 4 000, 6 000, 8 000, 10 000

b) abgerundet diese Zahlen ergeben:
1 000, 3 000, 5 000, 7 000, 9 000

Lisa:
1900 ≈ 2000
≈ 4000

Dennis:
1890 ≈ 2000
≈ 4000

Überschlagen

1 Wie hat Fatima gerechnet? Erkläre.

Beim **Überschlagsrechnen** rundest du die Zahlen so, dass du im Kopf rechnen kannst. Das ist einfacher und schneller. Das Ergebnis ist aber nicht so genau.

2 Überschlage wie Fatima. Rechne dann genau mit dem Taschenrechner.

a) 8,99 € + 6,49 € = ...

b) 2,29 € + 2,99 € = ...

c) ★ 5,99 € + 1,79 € + 0,79 € = ...

d) ★ 3,69 € + 8,99 € + 4,29 € = ...

3 Wie viel kostet es zusammen? Überschlage den Gesamtpreis.
Rechne dann genau mit dem Taschenrechner.

a) Einkaufsliste
- Erbsen
- Speiseöl

b) Einkaufsliste
- Kasten Wasser
- Kasten Saft

c) Einkaufsliste
- Kaffee (1000 g)
- Müsli
- Marmelade

d) Einkaufsliste
- Nudeln
- Reis
- Bohnen
- Speiseöl

4 Was kannst du dir für 5 €, 10 €, 20 € kaufen?
Überschlage zuerst. Rechne dann genau mit dem Taschenrechner.

5 Hat Lena recht? Rechne zuerst den Überschlag. Rechne dann genau.

6 Rechne zuerst den Überschlag. Rechne dann genau.
Beachte die Rundungsregeln.

a) 530 + 490
650 − 320
590 + 430
620 − 350

b) 2200 − 1490
3800 + 6100
2900 − 1420
3100 + 6800

c) 9300 + 1400
8300 + 1400
7900 − 3500
7900 − 3400

d) 5700 + 3120
★ 8200 − 6180
5800 + 3170
8200 − 6120

Überschlag:
5 0 0 + 5 0 0 = 1 0 0 0

Rechnung:

		5	3	0
+		4	9	0
	1	1		
	1	0	2	0

7 Rechne zuerst den Überschlag. Rechne dann genau mit dem Taschenrechner.
Vergleiche beide Ergebnisse. Wie groß ist der Unterschied?

a) 920 + 520
870 − 310
980 + 570
870 − 360

b) 3700 − 1680
6100 + 3800
3200 − 1610
6600 + 3200

c) 1900 + 4100
1900 + 4500
8100 − 3900
8200 − 3900

d) 2510 + 6210
★ 7180 − 2810
3790 + 3420
6480 − 6340

Überschlag:
9 0 0 + 5 0 0 = 1 4 0 0

Rechnung:
9 2 0 + 5 2 0 = 1 4 4 0

Unterschied:
1 4 4 0 − 1 4 0 0 = 4 0

8 Rechne den Überschlag. Welches Ergebnis passt?

★

A	B	C	D
6800 + 3100	9200 − 7600	2310 + 3190	8888 − 6666

1	2	3	4
1000	2000	5000	10000

Rechnen mit dem Taschenrechner

1 Wer rechnet schneller?

Suche dir einen Partner. Einer rechnet im Kopf oder schriftlich, der andere mit dem Taschenrechner. Notiert für jede Aufgabe, wer schneller war. Nach fünf Aufgaben wird gewechselt. Was fällt euch auf?

a) 5 · 5 b) 6800 – 800 c) 750 + 125 d) 550 : 5 e) 6543 – 4321

f) 50 · 7 g) 9827 – 482 h) 900 : 100 i) 100 : 10 k) 7524 + 2475

2 Überprüfe mit dem Taschenrechner. Welche Aufgaben sind richtig gerechnet?

a)	b)	c)
9000 – 8876 = 125	579 · 5 = 2895	8525 + 500 = 8025
1234 + 5678 = 6912	6825 : 7 = 975	6147 : 9 = 683
8525 + 2375 = 8000	1240 · 5 = 6205	9875 – 765 = 9111
9246 – 3124 = 6126	2184 : 6 = 364	100 · 100 = 1000

3 Tim hat die Aufgaben mit dem Taschenrechner gerechnet. Überschlage. Welche Ergebnisse sind richtig?

Tims Rechnung:
2 8 3 + 3 1 5 = 5 9 8

Überschlag:
3 0 0 + 3 0 0 =

a)	b)	c)
283 + 315 = 598	6749 + 1245 = 7994	1835 + 4257 = 6092
961 – 397 = 358	9213 – 3165 = 6048	8170 + 2124 = 12094
598 + 165 = 433	8525 + 2375 = 8900	6828 – 4919 = 1909
834 – 714 = 900	7246 – 3124 = 10000	9291 – 5763 = 4000

4 Ein Taschenrechner mit sechs Tasten

Du darfst nur die Tasten [7], [8], [9], [×], [=] und [ON/C] verwenden. Bilde Aufgaben. Du darfst jede Taste nur ein einziges Mal verwenden.

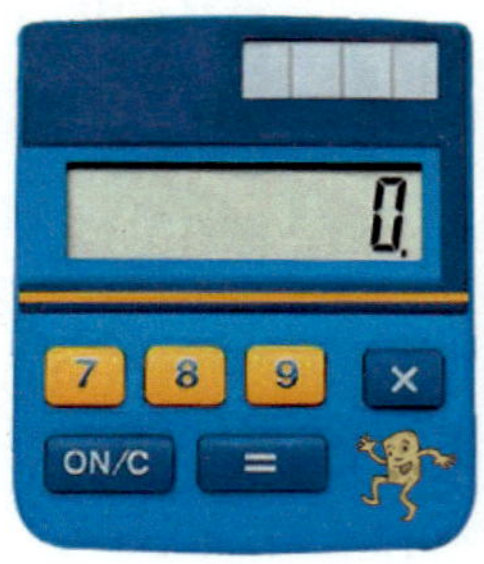

a) Versuche möglichst große Ergebnisse zu erreichen. Schreibe die Aufgaben und die Ergebnisse in dein Heft.

b) Vergleicht eure Ergebnisse.

c) Du darfst jetzt Tasten mehrmals verwenden. Wie kannst du diese Aufgaben lösen?

49 · 9 64 · 7 81 · 8

5 Große Malaufgaben

Übertrage in dein Heft:

90	33	75	87	10
51	55	20	75	66
18	70	44	30	22
22	63	65	21	85
45	19	50	55	99

Spielregeln

Jeder Spieler sucht sich zwei Nachbarzahlen aus (waagerecht, senkrecht oder schräg/diagonal) und multipliziert sie mit dem Taschenrechner. Wer das größere Ergebnis hat, bekommt einen Punkt. Das Spiel geht über fünf Runden. Wer am Ende die meisten Punkte hat, hat gewonnen. Du darfst jede Zahl nur einmal verwenden.

6 Mit dem Taschenrechner schreiben

Dennis hat mit seinem Taschenrechner ein Wort geschrieben.

a) Kannst du es erkennen? Wie heißt das Wort?

b) Versuche diese Wörter mit dem Taschenrechner zu schreiben:

EI - EIS - LIEBE - SESSEL - SIEG - ZEILE - ZOO - hOLZ - GEIGE

c) Findest du weitere Wörter? Probiere aus.

7 Der Kolibri

★

a) Ein Kolibri schlägt 48-mal in der Sekunde mit den Flügeln. Wie oft würde er in der Minute, in der Stunde, an einem Tag mit den Flügeln schlagen? Zeichne eine Tabelle in dein Heft.

b) Ein Spatz schlägt 13-mal in der Sekunde mit den Flügeln, ein Storch 2-mal.

c) Finde heraus, wie oft andere Vögel mit den Flügeln schlagen.

	Flügelschläge pro			
	Sekunde	Minute	Stunde	Tag
Kolibri	48			
Spatz	13			
Storch	2			

Spitze, rechte und stumpfe Winkel

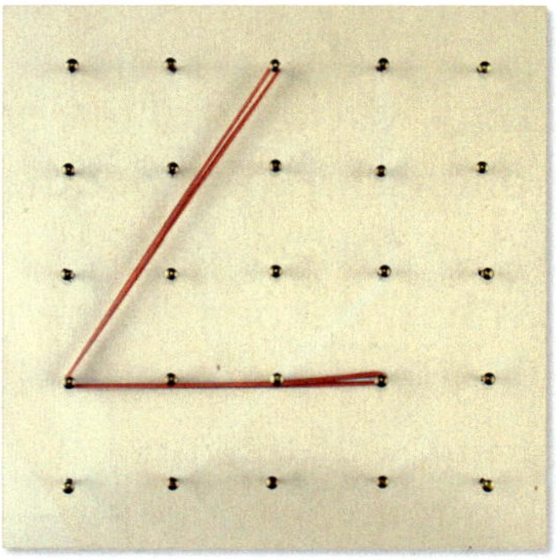

Ein spitzer Winkel ist kleiner als der rechte Winkel.

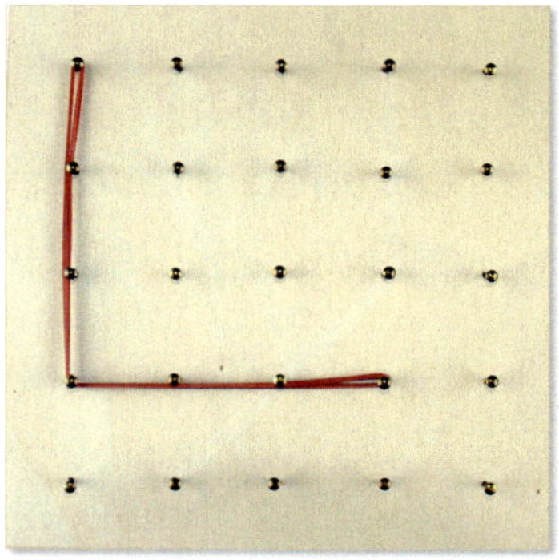

rechter Winkel

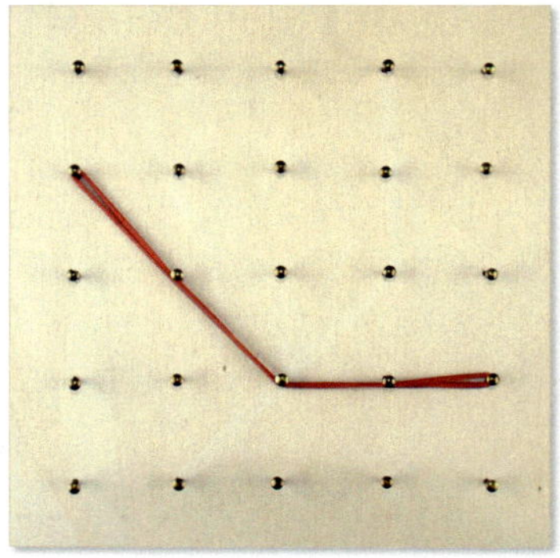

Ein stumpfer Winkel ist größer als der rechte Winkel.

1 Welche Winkel findet ihr auf dem Schulweg? Achtet auf Gebäude, Zäune, Verkehrszeichen … Notiert eure Ergebnisse in einer Tabelle.

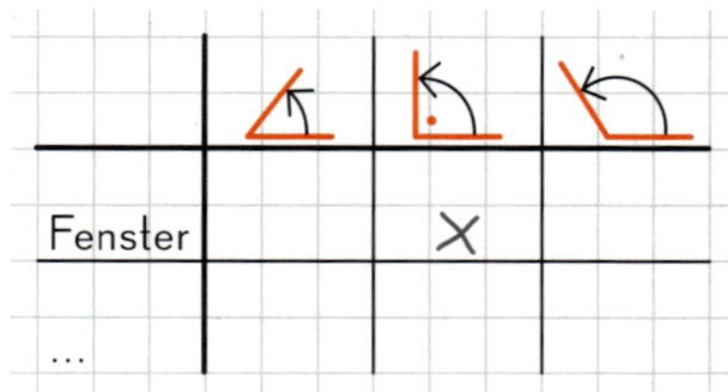

2 Spitzer, rechter oder stumpfer Winkel? Überprüfe mit dem Geodreieck.

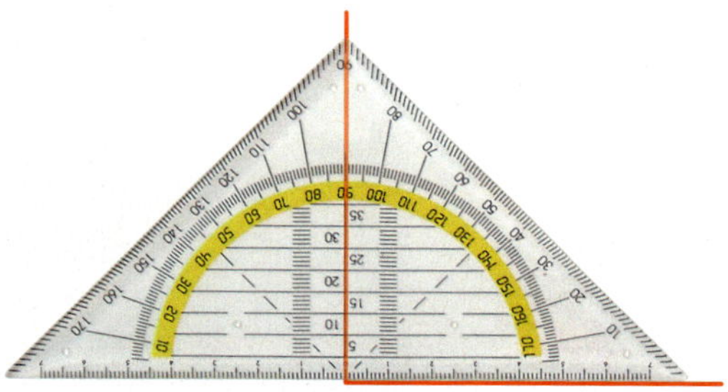

Einen rechten Winkel kennzeichnet man so:

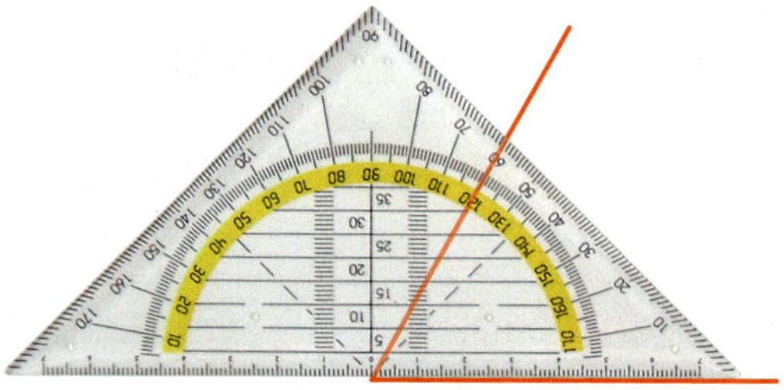

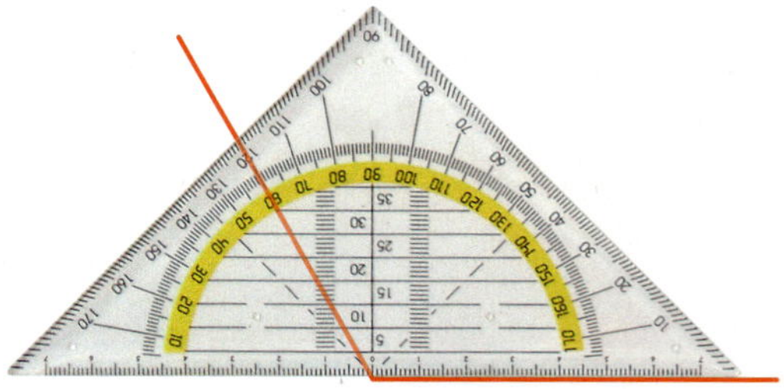

3 Zeichnet mit dem Geodreieck Winkel. Ein Partner bestimmt sie. Der andere kontrolliert mit dem Geodreieck. Wechselt euch ab.

4

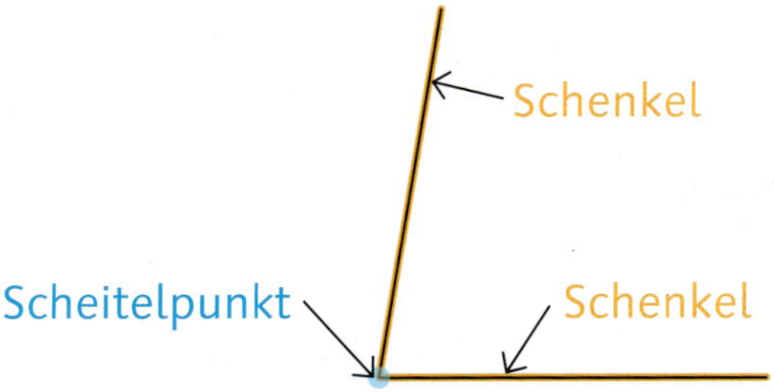

Winkel haben einen Scheitelpunkt und zwei Schenkel.

a) Zeichne Winkel in dein Heft.

b) Kennzeichne an den Winkeln den Scheitelpunkt blau und die Schenkel gelb.

5 Baue eine Winkelscheibe.

6 Spitzer, rechter oder stumpfer Winkel? Welcher Winkel ist eingestellt?

a) b) c) d) e)

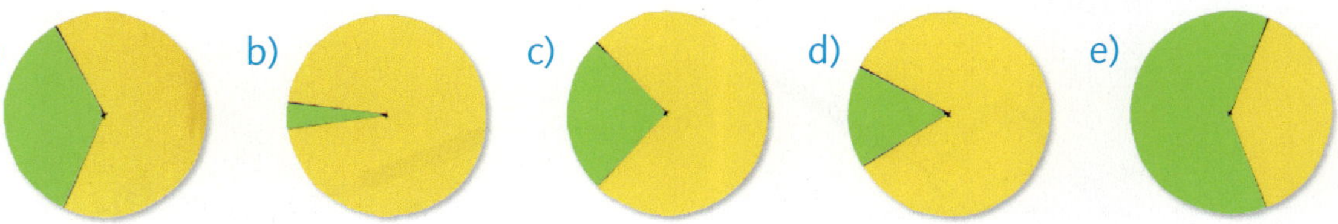

7 Stelle an der Winkelscheibe einen Winkel ein.
Dein Partner bestimmt ihn. Wechselt euch ab.

Winkel messen und zeichnen

1 Winkel messen

Mit dem Geodreieck kann man Winkel genau messen.

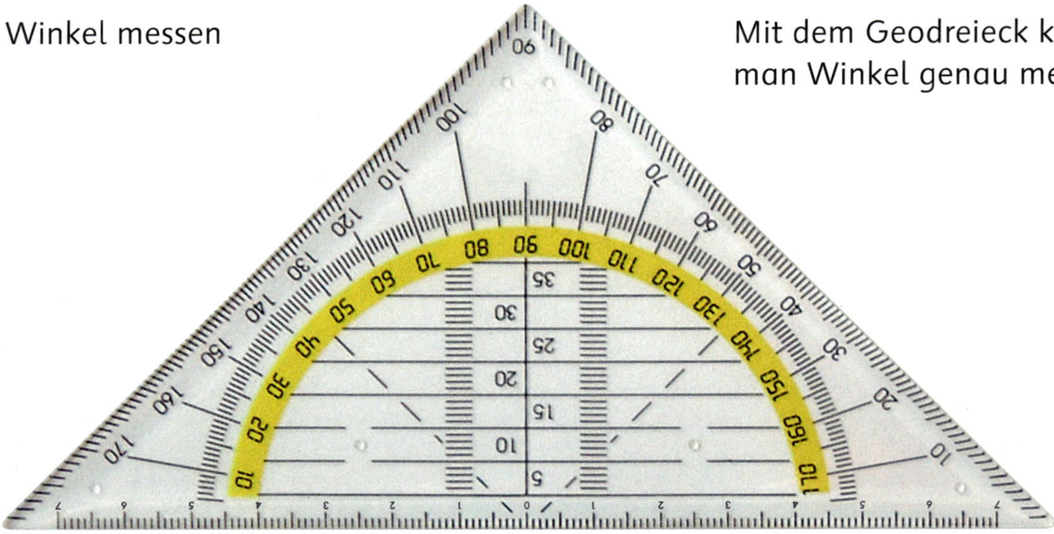

Winkel werden in Grad gemessen. Das Zeichen für Grad ist °.

a)

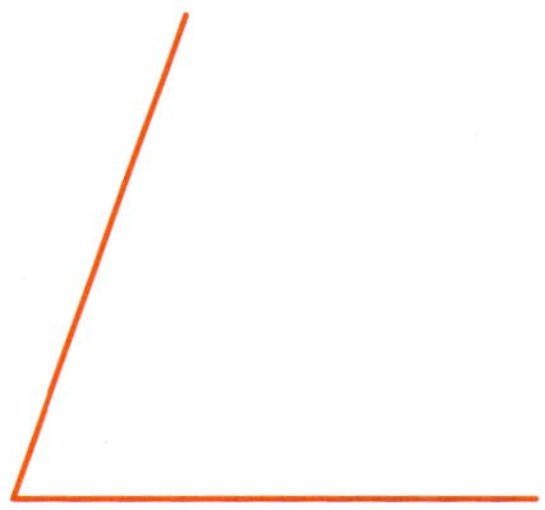

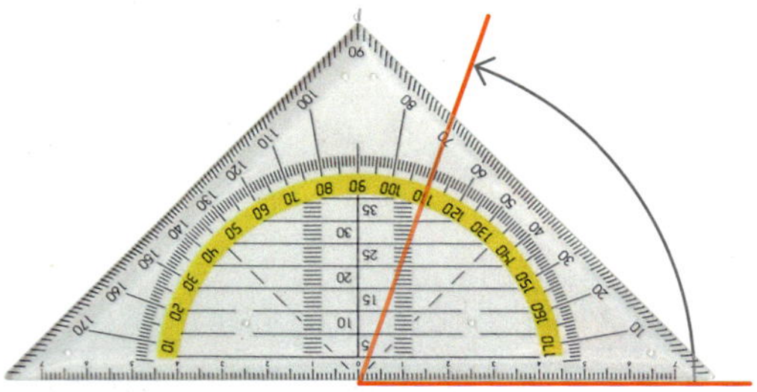

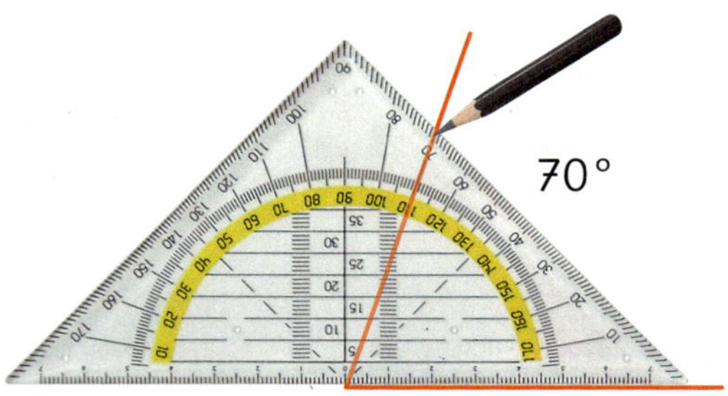

b)

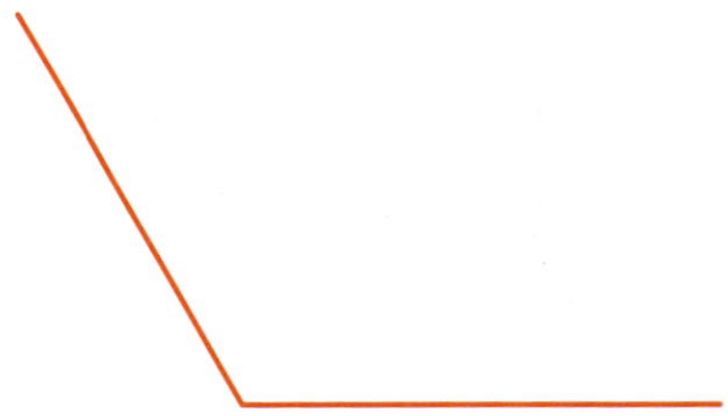

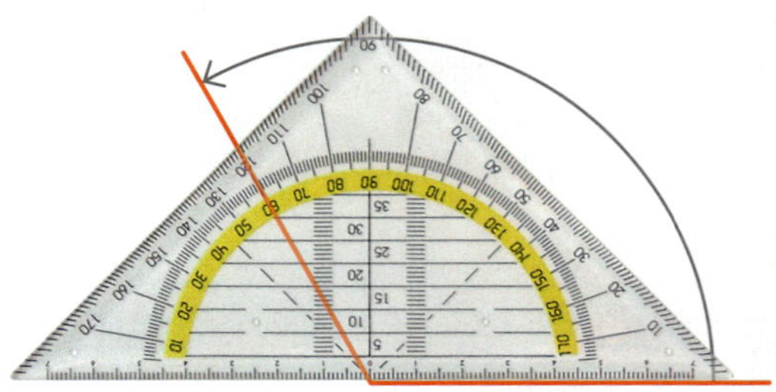

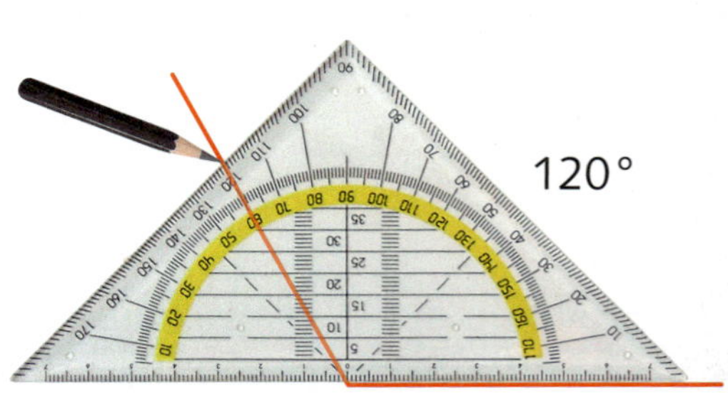

Vorschlag zur sprachlichen Begleitung in der Handreichung

2 A

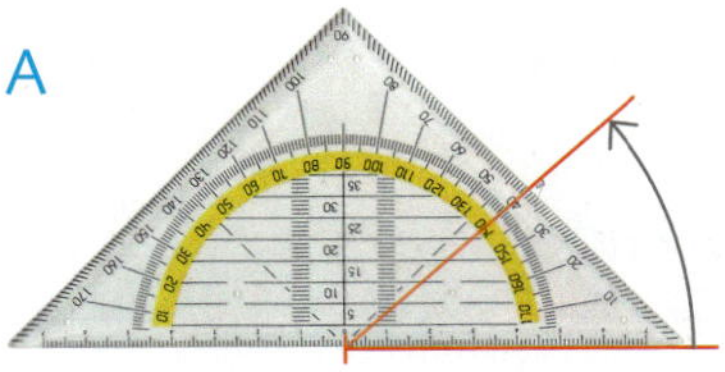

B

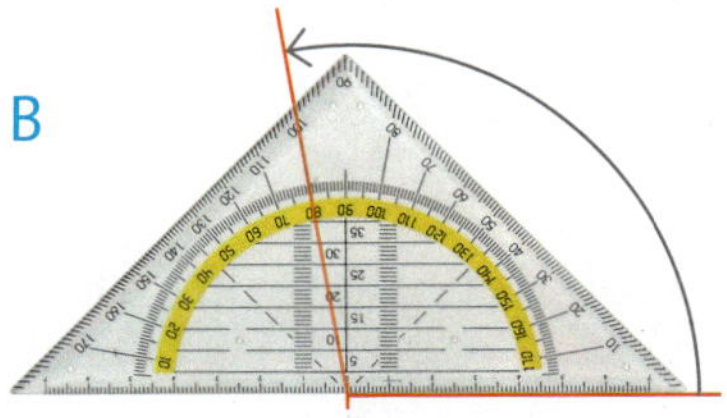

C

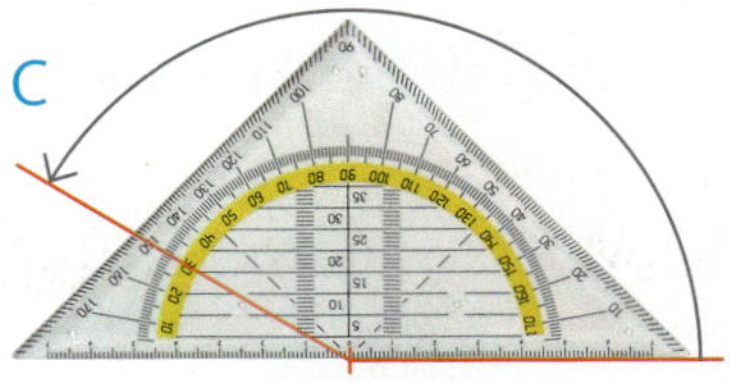

a) Lies die Winkel ab. b) Schreibe so in dein Heft: Winkel A ▒ °

3 Zeichne die Winkel.

a) α = 60°

1 Zeichne einen Schenkel und markiere den Scheitelpunkt.

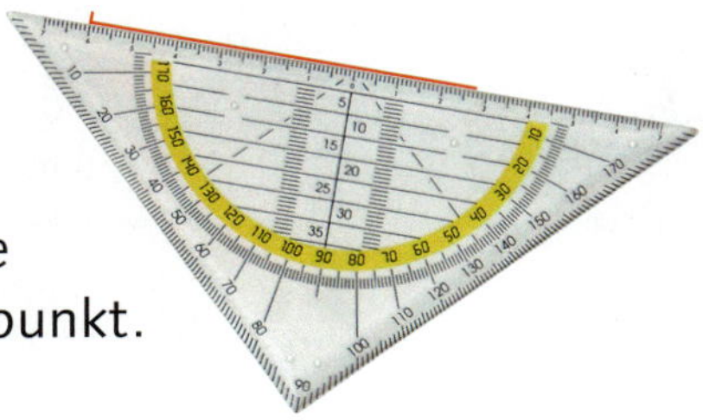

2 Lege das Geodreieck genau an. Achte auf die Null.

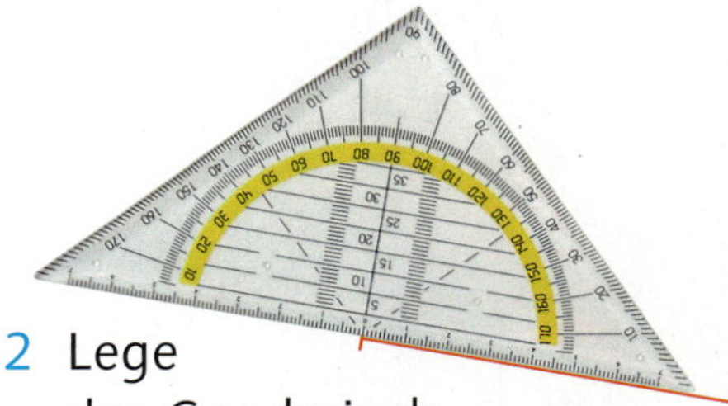

3 Lies die Gradzahl ab und markiere sie.

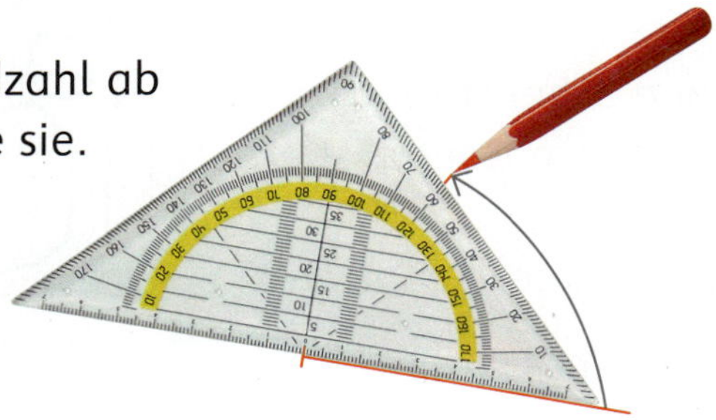

4 Zeichne den zweiten Schenkel.

5 Ergänze den Winkelbogen. Benenne den Winkel.

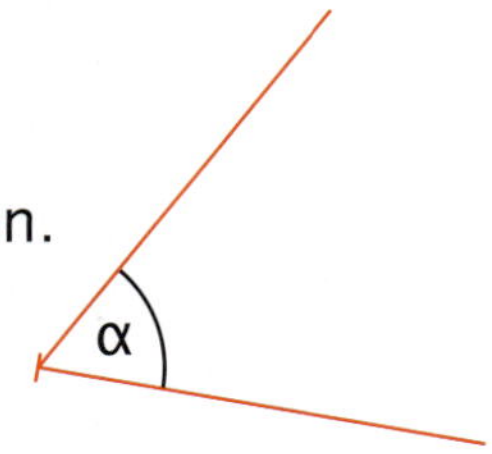

> Winkel werden mit griechischen Buchstaben bezeichnet: α = alpha

b) α = 30° c) α = 120° d) α = 70° e) α = 20° f) α = 90°

4 a) Zeichne einen Winkel und schätze seine Größe.

b) Dein Partner kontrolliert durch Messen. Wechselt euch ab.

Aufgaben verstehen: Skizzen helfen weiter

1 Welche Skizze gehört zu welcher Sachaufgabe? Begründe.

A Das Auto ist 4,30 m lang, der Hänger ist 3,50 m lang.
Wie lang sind beide zusammen?

B Die Unterrichtsstunde hat vor 20 Minuten begonnen. Jetzt ist es 9 : 10 Uhr.
Wann hat die Stunde begonnen?

C Ein Rechteck ist 7 cm lang und 4 cm breit.
Wie lang sind alle vier Seiten zusammen?

1
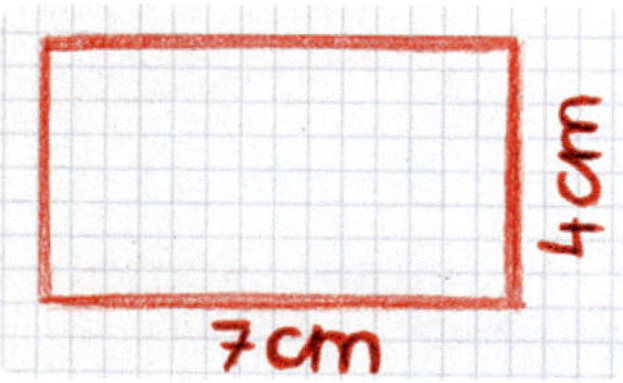

2
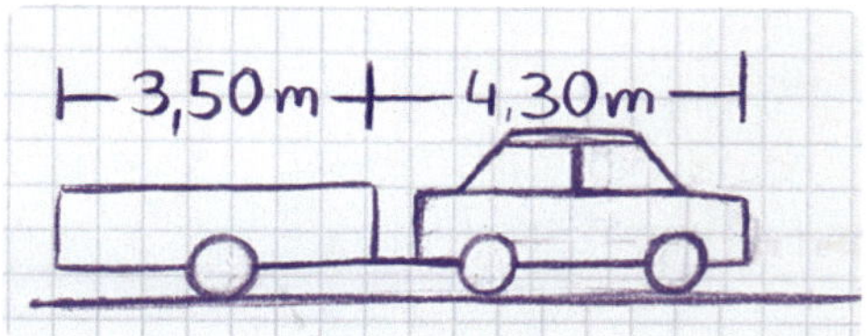

3

2 In den Skizzen fehlt eine wichtige Information. Zeichne ab und ergänze. Kannst du die Aufgaben jetzt lösen?

a) Lena und Lisa haben einen Schneemann gebaut, der 1,20 m groß ist. Am Abend ist er nur noch 1,00 m hoch.
Wie viele Zentimeter sind weggeschmolzen?

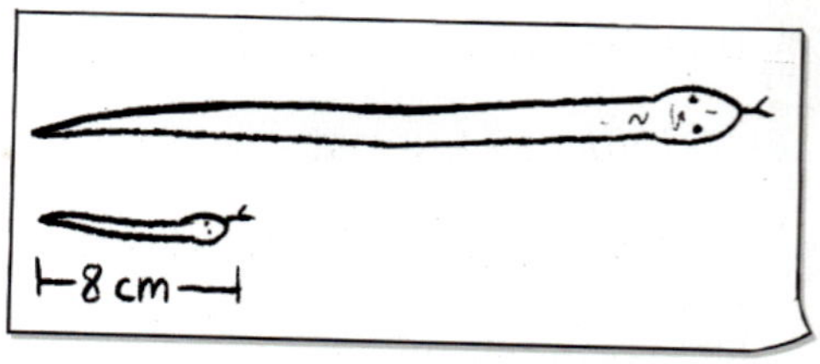

b) Eine Blindschleiche ist bei ihrer Geburt etwa 8 cm lang. Eine ausgewachsene Blindschleiche ist etwa 40 cm lang.
Wie viele Zentimeter wächst eine Blindschleiche in ihrem Leben?

3 Fertige zu jeder Sachaufgabe eine Skizze an. Erkläre deine Skizze.

a) Im Fernsehturm befindet sich das Café auf einer Höhe von 204 m.
Vom Café bis zur Spitze sind es noch 164 m.
Wie hoch ist der Fernsehturm?

b) Miras Schulweg ist 860 m lang.
Genau nach der Hälfte des Weges trifft sie Anna.
Wie viele Meter laufen die beiden gemeinsam?

Aufgaben verstehen: Genaues Lesen hilft weiter

1 Was musst du rechnen? Welche Angaben haben dir geholfen?

a) Paul hat 20 €. Er kauft sich eine Zeitschrift für 3 €.
Wie viel Geld hat er übrig?

b) Anna kauft sich ein Spiel für 15 € und eine CD für 10 €.
Wie viel bezahlt sie zusammen?

c) Tim hat diese Woche 4-mal Kuchen gekauft.
Jedes Mal bezahlt er 3 €.
Wie viel Geld hat er ausgegeben?

d) Die Oma hat in diesem Monat 50 € übrig
und möchte diese auf ihre fünf Enkel aufteilen.
Wie viel Geld bekommt jeder?

e) Heute fährt Lisa mit dem Fahrrad 26 km.
Gestern ist sie schon 33 km gefahren.
Wie viele Kilometer ist sie insgesamt gefahren?

f) Ömer hat von seinem Taschengeld 42 € gespart.
Murat hat schon das Doppelte in seiner Sparbüchse.
Wie viel Geld hat Murat gespart?

2 ★ Auf einem Schiff sind 120 Passagiere.
Am nächsten Hafen steigen noch 45 Passagiere zu.
Wie alt ist der Kapitän?

a) Warum kannst du die Frage nicht beantworten?

b) Wie könnte die passende Frage lauten? Begründe.

Wie schwer ist das Schiff?	Wie viele Matrosen sind auf dem Schiff?	Wie viele Passagiere sind auf dem Schiff?

3 Finde zu jeder Sachaufgabe eine passende Frage und eine Scherzfrage.

a) Die 16 Kinder der Klasse 6b machen eine Klassenfahrt.
In jedem Zimmer schlafen vier Kinder.

b) Tim möchte ein Fahrrad für 280 € kaufen.
Er hat schon 190 € gespart.

Kinder und Jugendliche in Deutschland

1 Ole, Ina und Fatima haben einen Bericht über Kinder und Jugendliche in Deutschland gesehen. Es wurde gefragt, wie viele Geschwister sie haben, wer ihre Vorbilder sind, wie sie ihre Freizeit verbringen und vieles mehr.

Welche Fragen würdet ihr stellen?

2 Die Schüler der Klasse 6 b wollen Informationen sammeln. Die Kinder überlegen sich Fragen. Sie entwerfen einen Fragebogen. Diesen füllen alle Kinder aus.

a) Schau dir den Fragebogen an. Was erfährst du über das Kind?

b) Was hättest du geantwortet?

Unsere Klasse

Ich bin ein … Junge ☒ Mädchen ○

Ich bin 12 Jahre alt. Ich habe im Monat Februar Geburtstag.

Meine Augen sind … braun ○ grün ☒ blau ○ grau ○

Meine Haare sind … schwarz ○ braun ○ rot ○ blond ☒

Mein Lieblingsfach in der Schule ist Mathematik.

Am liebsten esse ich Bananen, Äpfel.

Meine Hobbys sind Fußball, Musik.

3 Die Kinder haben alle Antworten in einer Strichliste gesammelt:

Unsere Klasse

Geschlecht	
Junge	Mädchen
𝍸 𝍸	𝍸 IIII
10	9

Alter		
10 Jahre	11 Jahre	12 Jahre
I	𝍸 𝍸 𝍸	III
1	15	3

Geburtsmonat					
Januar	Februar	März	April	Mai	Juni
II	I	III	I		II
2	1	3	1	0	2
Juli	August	September	Oktober	November	Dezember
IIII	I	II	II	I	
4	1	2	2	1	0

a) Was bedeuten die Striche, was die Zahlen unter den Strichen?

b) Wie viele Jungen und Mädchen gibt es in der Klasse?

c) Sind es mehr Mädchen oder mehr Jungen?

d) Wie viele Kinder sind elf Jahre alt?

e) Was erfährst du noch über die Klasse?

4 Säulendiagramme lesen

Die Kinder haben eine Zeichnung erstellt:
ein Säulendiagramm mit einer blauen
und einer roten Säule.

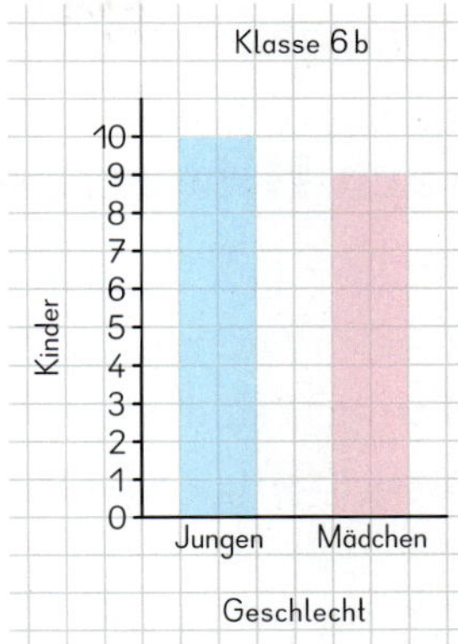

a) Zu welcher Frage gehört das Diagramm?

b) Gibt es mehr Jungen oder mehr Mädchen in der Klasse? Begründe.

c) Wie hoch sind die Säulen?

d) Wie viele Kinder sind insgesamt in der Klasse?

e) Welchen Vorteil hat das Säulendiagramm?

5 Säulendiagramme zeichnen

a) Zeichne eine waagerechte und eine senkrechte Linie. Auf der senkrechten Linie trägst du die Anzahl der Kinder ein.

b) Beschrifte das Diagramm:
- Überschrift
- Säulen
- waagerechte und senkrechte Linie

c) Zeichne die Säulen von der waagerechten Linie aus. Die Höhe der Säulen ergibt sich aus der Anzahl der Jungen und Mädchen in Aufgabe 3.

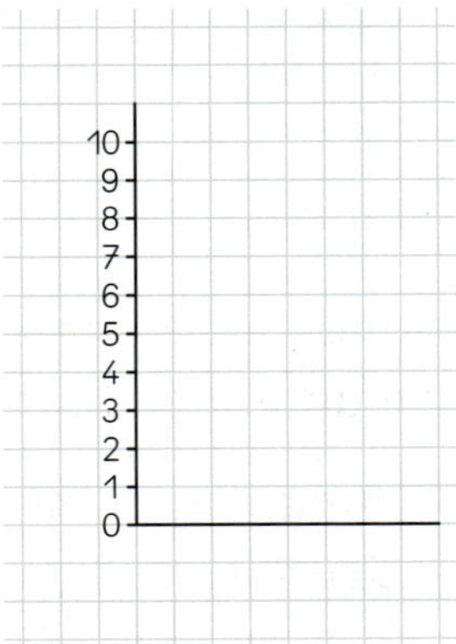

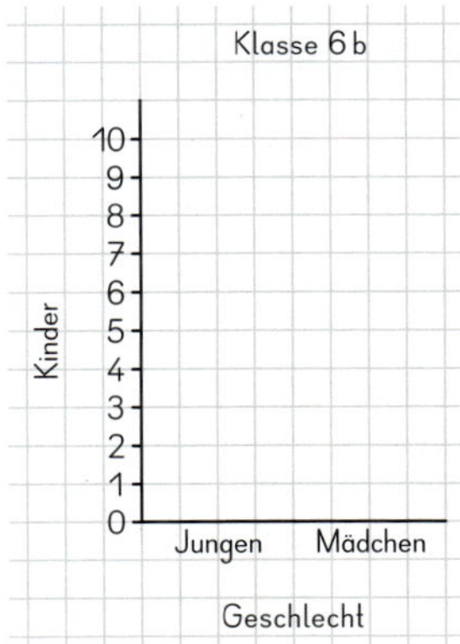

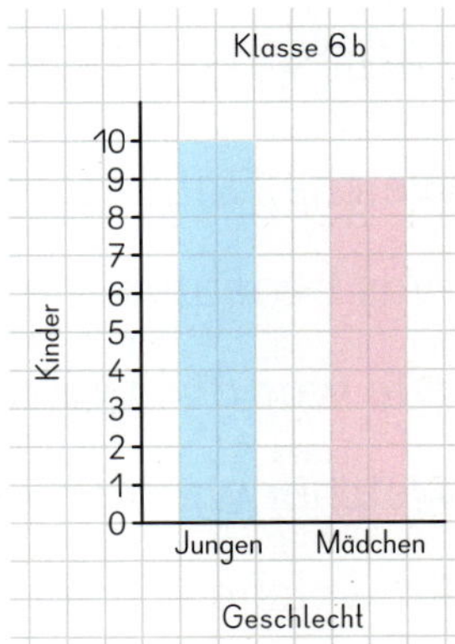

6 Unsere Klasse in Zahlen

a) Überlegt euch Fragen.

b) Entwickelt einen Fragebogen.

c) Lasst alle Kinder antworten.

d) Erstellt eine Strichliste.

e) Zeichnet zu jeder Frage ein Säulendiagramm.

f) Stellt eure Ergebnisse vor.

Unser Wetter

1 Mona hat eine alte Zeitung mitgebracht. Damals war es so heiß, dass es oft hitzefrei gegeben hat.

Nach Hitzerekord folgt Temperatursturz

Mit über 35 °C stiegen die Temperaturen an vielen Orten gestern auf Rekordhöhe. Allerdings sind schon für morgen Nachmittag kräftige Schauer und Gewitter angekündigt. Sie können zu einem Temperatursturz um bis 10 °C führen. Für das Wochenende werden Höchstwerte um 25 °C erwartet.

Die Klasse beschließt das Wetter zu beobachten und in einer Tabelle zu erfassen. Ihre Tabelle sieht nach einer Woche so aus:

Datum	Mo, 06.07.	Di, 07.07.	Mi, 08.07.	Do, 09.07.	Fr, 10.07.
Wetter					
Temperatur	24 °C	22 °C	19 °C	17 °C	15 °C
Niederschlag	7 mm	3 mm	3 mm	1 mm	10 mm

a) Welche Daten tragen die Kinder in die Tabelle ein?

b) Was bedeuten die Symbole?

c) Wie war das Wetter in dieser Woche?

d) Welcher war der wärmste, welcher der kälteste Tag?

e) An welchem Tag hat es am meisten geregnet, an welchem am wenigsten?

2 a) Beobachtet eine Woche lang das Wetter.

b) Erstellt ein Lernplakat mit einer Tabelle.

c) Tragt jeden Tag ein, wie das Wetter ist.

d) Wo könnt ihr Informationen über das Wetter in eurer Stadt finden?

e) Stellt eure Ergebnisse vor.

3 Liniendiagramme lesen und zeichnen

Ina hat ein Liniendiagramm gezeichnet.

a) Was zeigt das Diagramm?

b) Wie warm war es am 6. Juli und am 8. Juli?

c) Welcher Tag war der wärmste Tag in der Woche, welcher der kälteste?

d) Ist es in dieser Woche wärmer oder kälter geworden? Begründe.

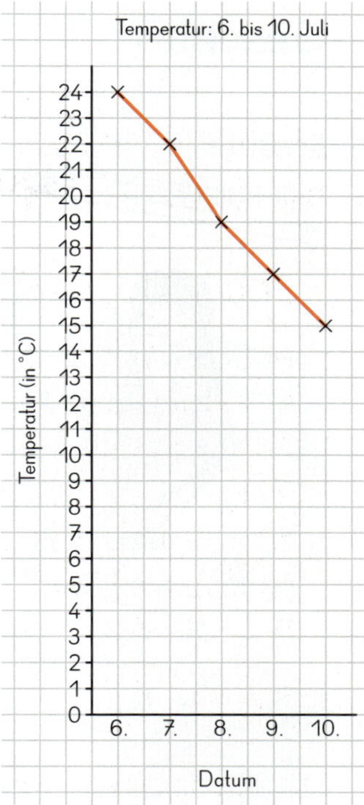

4 Zeichne das Liniendiagramm in dein Heft.

★ a) Zeichne eine waagerechte und eine senkrechte Linie. Auf der senkrechten Linie trägst du die Temperatur ein. Ein Kästchen entspricht einem Grad Celsius.

b) Beschrifte das Diagramm.

c) Markiere die Temperatur des jeweiligen Tages mit einem Kreuz. Orientiere dich an den Kästchen.

d) Verbinde die Kreuze mit einem Lineal.

5 Säulendiagramme lesen und zeichnen

Mona hat ein Säulendiagramm gezeichnet.

a) Was zeigt das Diagramm?

b) Wie viel Niederschlag ist am 7. Juli und am 9. Juli gefallen?

c) An welchem Tag ist am meisten Niederschlag gefallen, an welchem am wenigsten?

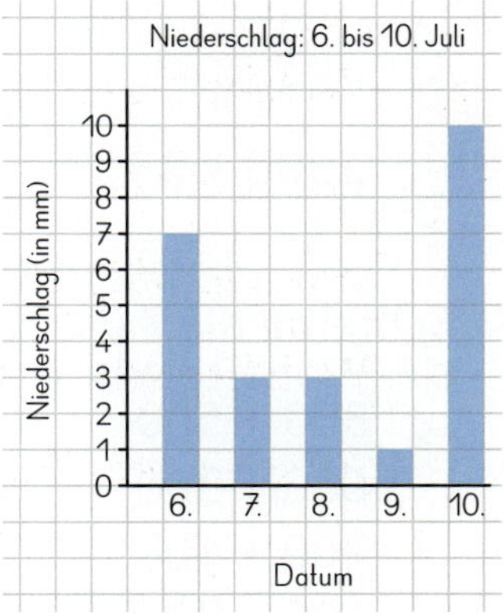

6 Zeichne das Säulendiagramm in dein Heft.

★

7 Nehmt eure Wetterdaten aus Aufgabe 2.

a) Zeichnet Liniendiagramme und Säulendiagramme.

b) Stellt eure Ergebnisse vor.

Geschicktes Rechnen

1 Erzähle.

2 Lege nach und schreibe die Aufgaben in dein Heft.

32 + 24

320 + 240

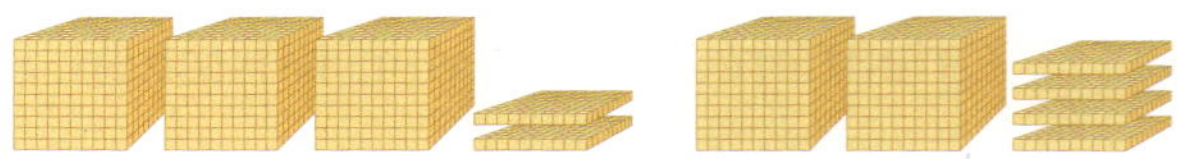
3 200 + 2 400

a) 23 + 34	b) 46 + 41	c) 52 + 24	d) 65 + 33
230 + 340	460 + 410	520 + 240	650 + 330
2 300 + 3 400	4 600 + 4 100	5 200 + 2 400	6 500 + 3 300

3 Schreibe die Aufgaben in dein Heft und rechne im Kopf.

a) 300 + 500	b) 4 000 + 2 000	c) 5 000 + 300	d) 2 100 + 200
600 + 300	1 000 + 8 000	2 000 + 400	3 400 + 300
700 + 100	3 000 + 5 000	9 000 + 700	6 200 + 700
400 + 200	6 000 + 2 000	7 000 + 600	5 300 + 300

4 Schreibe die Aufgaben in dein Heft und addiere.
Kontrolliere mit dem Taschenrechner.

a) | 3 200 | 4 300 | + | 1 400 | 2 600 | 3 500 | 4 200 | 5 300 |

b) | 2 400 | 1 100 | + | 4 300 | 5 400 | 6 200 | 7 500 | 8 100 |

5 Lege und rechne.

a) 1600 + 2400
1600 + 2600
1600 + 3500

b) 3400 + 1600
3400 + 1700
3400 + 4900

c) 1700 + 4300
1700 + 4600
1700 + 4500

d) 4800 + 3200
4800 + 3300
4800 + 5200

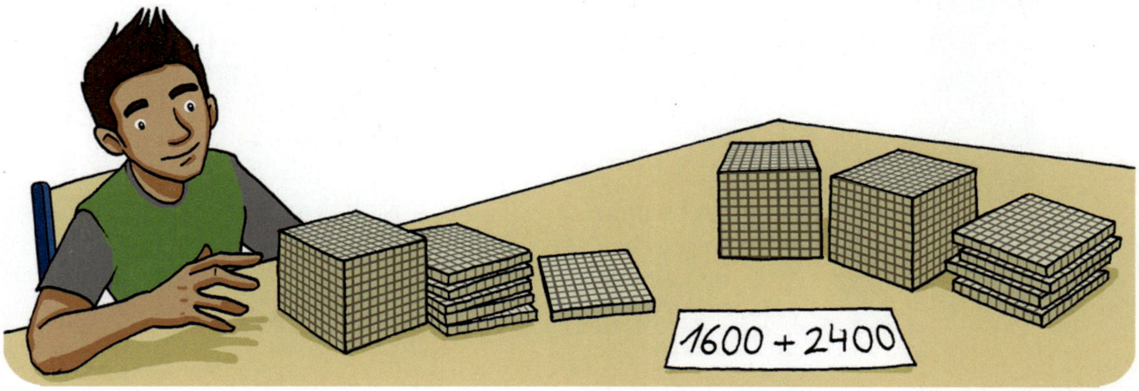

6 Ergänze.

a) 1700 + □ = 2700
3500 + □ = 5500
6800 + □ = 9800
4900 + □ = 8900

b) 1700 + □ = 2000
3500 + □ = 4000
6800 + □ = 7000
4900 + □ = 5000

c) ★ 1700 + □ = 2100
3500 + □ = 4300
6800 + □ = 7200
4900 + □ = 5500

7 Schreibe in dein Heft und rechne.

a) +1400

4200	7000
1600	3900

b) +400

2400	6000
5600	1900

c) +140

6700	8000
1860	2900

8 Rechne. Was fällt dir auf?

a) 90 + 50
190 + 50
690 + 50
3690 + 50

b) 70 + 60
170 + 60
470 + 60
5470 + 60

c) 80 + 80
180 + 80
880 + 80
8880 + 80

d) 40 + 70
140 + 70
940 + 70
2940 + 70

9 a) 3200 | 7900 | 6200 | 1500 | 4600 + 40 | 90

b) 2100 | 5300 | 8400 | 9700 | 10000 + 60 | 80

Endlich mit großen Zahlen rechnen

1 Schreibe in dein Heft und rechne. Lege und prüfe mit dem Material.

a)

	T	H	Z	E
	3	2	5	1
+	2	6	4	3

b)

	T	H	Z	E
	2	5	1	7
+	1	3	2	1

c)

	T	H	Z	E
	4	2	3	6
+	2	7	5	3

d)

	T	H	Z	E
	5	4	3	4
+	3	2	1	5

2 Schreibe in dein Heft und rechne. Achte auf den Übertrag.

a)

	T	H	Z	E
	5	4	2	7
+	3	1	3	3

b)

	T	H	Z	E
	6	7	3	6
+	1	2	1	6

c)

	T	H	Z	E
	7	2	5	4
+	1	4	8	2

d)

	T	H	Z	E
	4	4	5	2
+	3	7	3	4

🔑 7186 7952 8186 8560 8736

3 Notiere stellengerecht untereinander und rechne.

a) 4725 + 2143
8275 + 1421
1374 + 7413

b) 4527 + 3215
1279 + 3414
5136 + 2435

c) 1261 + 2163
3574 + 3264
7192 + 1353

d) 3825 + 2342
2447 + 6931
1948 + 4921

🔑 3424 4693 5267 6167 6838 6868 6869 7571 7742 8545 8787 9378 9696

4 Notiere stellengerecht untereinander und rechne. Dein Partner kontrolliert.

a) 4207 + 2161
4207 + 2082

b) 4237 + 3602
4270 + 3610

c) 4207 + 2165
4270 + 2094

d) 4271 + 2905
4702 + 2503

5 Erzähle.

6 Arbeitet mit der Stellenwerttafel und bündelt.

a) 4236 + 327 b) 4261 + 394 c) 4521 + 738 ★ d) 4376 + 92

7 Schreibe stellengerecht untereinander und rechne.
Kontrolliere mit dem Taschenrechner.

a) 4385 + 342
2137 + 339
3645 + 283

b) 4362 + 297
5435 + 742
6468 + 325

c) 7326 + 24
8951 + 57
9742 + 66

	T	H	Z	E
	4	3	8	5
+		3	4	2
		1		
	4	7	2	7

8 Lisa möchte etwas ausprobieren. Sie rechnet mit drei Zahlen. Rechne wie Lisa.

Lisa rechnet weiter.
Wie lautet das Ergebnis?
Prüfe mit dem Taschenrechner.

a) 1954 + 4833 + 2812

b) 2141 + 3330 + 1472

c) 3205 + 1312 + 4252

d) 1405 + 2039 + 3227

e) 4376 + 3270 + 2183

Umgang mit Sachaufgaben

1 Im Zoo muss die Elefantenfamilie auf die Waage. Egon wiegt 4 314 kg, Elisa wiegt 3 653 kg und Emil wiegt 1 327 kg.

Wie kannst du rechnen? Beachte die Schritte.

1. Ich lese die Aufgabe genau und schreibe eine Frage.

Frage: Wie viel wiegt die Elefantenfamilie zusammen?

Ich rechne mit dem Überschlag.

2. Ich nutze Rechenhilfen.
z. B.: Überschlag
Skizze
Zahlenstrahl
Material

Überschlag:

4000 kg + 4000 kg + 1000 kg = 9000 kg

3. Ich rechne die Aufgabe aus.

Rechnung:

	4	3	1	4	kg
+	3	6	5	3	kg
+	1	3	2	7	kg
	1		1		
	9	2	9	4	kg

Ich schreibe stellengerecht untereinander. Ich achte beim Rechnen auf die Überträge.

4. Ich überprüfe das Ergebnis.

9294 kg ≈ 9000 kg

Das Ergebnis kann stimmen.

5. Ich schreibe eine Antwort.

Antwort: Die Elefantenfamilie wiegt zusammen 9294 kg.

2 Herr Elbrecht fährt jede Woche 1 245 km mit seinem Auto.
Rechne aus, wie viele Kilometer er in zwei Wochen und in drei Wochen fährt.

3 Beim Spendenlauf der Fröbelschule machen alle mit. Für jeden Kilometer werden 2 € gespendet. Die Schüler laufen zusammen 1 824 km und die Lehrer schaffen 346 km.

Mit dem Flugzeug durch Europa

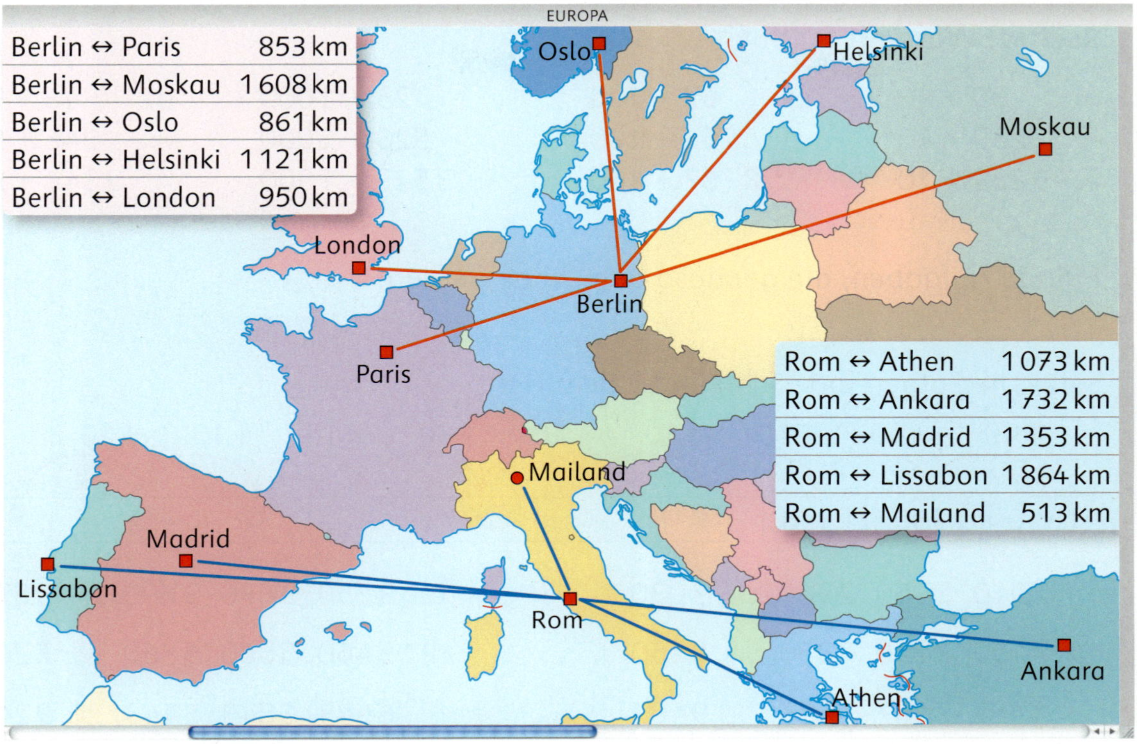

Berlin ↔ Paris	853 km
Berlin ↔ Moskau	1 608 km
Berlin ↔ Oslo	861 km
Berlin ↔ Helsinki	1 121 km
Berlin ↔ London	950 km

Rom ↔ Athen	1 073 km
Rom ↔ Ankara	1 732 km
Rom ↔ Madrid	1 353 km
Rom ↔ Lissabon	1 864 km
Rom ↔ Mailand	513 km

1 Schaut euch die Europakarte an. Wo starten und landen die Flugzeuge?

2 Berechne die Entfernungen. Schreibe stellengerecht.

a) von Helsinki über Berlin nach Moskau

b) von Mailand über Rom nach Ankara

c) von London über Berlin nach Oslo

d) von Lissabon über Rom nach Athen

e) Überlege eigene Reisewege.

Von Paris über Berlin nach Oslo:

```
  8 5 3 km
+ 8 6 1 km
```

3 Die neue Flugstrecke von Berlin nach Rom beträgt 1 187 km.
Wie kommt man von Oslo nach Ankara?

a) Sucht die Entfernungen aus den Angaben heraus.

b) Überschlagt das Ergebnis. Rundet dafür auf Tausender.

c) Rechnet genau. Schreibt stellengerecht.

d) Überprüft das Ergebnis mit dem Taschenrechner.

e) Findet weitere Reisewege.

Das kannst du schon

1 Rechne. Was fällt dir auf?

a)	b)	c)	d)
39 + 10	67 + 100	23 + 1 000	46 + 90
239 + 10	767 + 100	523 + 1 000	346 + 90
5 239 + 10	8 767 + 100	3 523 + 1 000	2 346 + 90

2 Erfinde Aufgaben, die genauso gerechnet werden.

3 Setze die Folgen fort. Schreibe in dein Heft.

+10 +10 +10 +10 +10 +10 +10 +10 +10

1 350	1 360	1 370							

a) 2 940, 2 950, 2 960, ..., 3 030

b) 3 650, 3 670, 3 690, ..., 3 830

c) 7 150, 7 250, 7 350, ..., 8 150

d) 5 460, 5 660, 5 860, ..., 7 260

e) 1 487, 2 487, 3 487, ..., 9 487

f) 6 543, 6 843, 7 143, ..., 9 243

4 Wie heißen die Zahlen? Trage sie in die Stellenwerttafel ein und rechne.

a) 7 H + 5 Z + 1 T + 2 E + 3 Z + 5 T + 4 E + 2 H

b) 0 E + 4 T + 7 Z + 6 H + 2 T + 8 Z + 0 E + 1 H

c) 4 E + 5 H + 0 Z + 3 T + 6 H + 1 E + 3 T + 9 Z

5 Welche Rechnungen passen zu den Aufgaben?

a) Frau Porter fliegt von Berlin nach München 592 km.
Von München fliegt sie 936 km weiter nach Rom.

b) Herr Friedemann hat 24 Teetassen.
Beim Abwasch fallen ihm zwei herunter.

c) Mona hat 312 Briefmarken gesammelt.
Ihr Bruder schenkt ihr 24 Stück zum Geburtstag.

d) Die Oma hat 1 157 Knöpfe in ihrer Knopfkiste.
Für Lenas Jacke braucht sie 12 Stück.

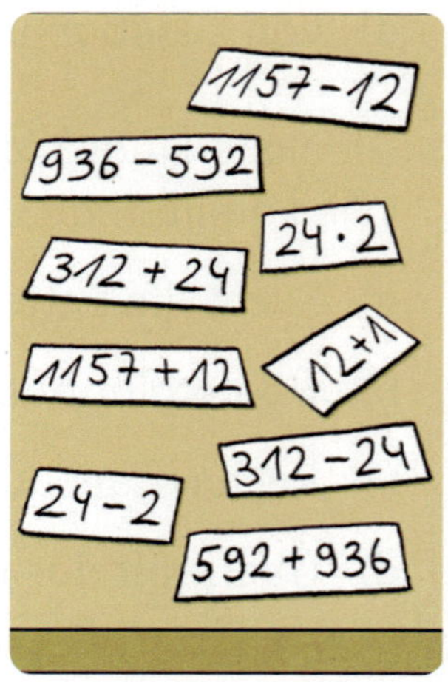

Aufgaben für Profis

1 Welche Aufgaben kannst du rechnen, welche nicht?

a) Der Großglockner ist 3 798 m hoch und die Donau ist 2 845 km lang.
Eine Stadtrundfahrt in Berlin kostet 19,95 €.

b) Die Entfernung von Paris nach Berlin beträgt 1050 km.
Von Berlin nach Moskau sind es 1 615 km.

c) Herr Müller verdient 1 520 € im Monat. Seine Frau verdient 940 €.

d) Herr Stade fegt 2 Stunden lang den Schnee vor seinem Haus.
In seinem Garten wächst eine 4,60 m hohe Tanne.
Nach 3 Stunden ist die Tanne ganz zugeschneit.

e) Lisa isst gern Gummibärchen. Gestern hat sie 57 Stück gegessen.
Heute hat sie schon 48 genascht.

f) Anna hat 248 Lieder auf ihrem Handy gespeichert.
Auf ihrem MP3-Player hat sie 1 357 Lieder gespeichert.

g) Frau Buss fährt 9 Stunden mit dem Auto nach Italien.
Die fünf Mitglieder der Familie Reichenberger fahren lieber nach Schweden.

h) Herr Mol ist beim Jogging in diesem Jahr bis zum 30. Dezember
570 km gelaufen. Silvester läuft er nochmal 9000 m.

2 Welche Ziffern fehlen?

a)

	*	2	4	1
+	1	3	*	0
+	2	4	1	*
	8	*	7	5

b)

	2	0	2	*
+	1	*	3	1
+	*	8	2	3
	1			
	6	2	*	8

c)

	*	1	4	3
+	2	4	*	3
+	3	*	2	8
			1	
	9	5	8	*

d)

	2	3	4	*
+	3	0	*	5
+	1	*	9	1
		1		
	6	8	5	6

e)

	*	4	9	1
+	3	*	6	*
+	1	2	8	2
		*	1	
	7	8	4	0

3 In der Schule vergleichen Mona und Murat ihre Aufgaben.
Nicht alles ist richtig. Findest du die Fehler? Kannst du sie erklären?

a)

	2	5	9	3
+	6	2	8	5
		1	1	
	8	8	8	8

b)

	3	0	7	5
+	6	4	5	
		1		
	9	5	2	5

c)

	2	1	6	7
+	4	8	6	5
			1	
	6	9	3	2

d)

	3	0	0	2
+		9	9	8
		1	1	
	3	0	0	0

e)

	4	2	3	7
+	5	7	6	3
	9	9	9	9

Rauminhalte vergleichen

1

Erzähle.

2 Paul hat eine Idee.
Welche Idee hat Paul? Erzähle.

3 Fatima hat eine andere Idee.
Welche Idee hat Fatima? Erzähle.

4 Fatima und Paul haben sich eine Möglichkeit ausgedacht, um den Rauminhalt zu vergleichen.

a) Haben Fatima und Paul das Gleiche herausgefunden?

b) Wie würdest du den Rauminhalt vergleichen? So wie Fatima oder so wie Paul?

c) Welches Glas sollen die Kinder für die Bonbons nehmen? Begründe.

Rauminhalte messen

1 a) Schätze. In welches Gefäß passt am meisten hinein?

b) Sortiert die Gefäße danach, wo am meisten und am wenigsten hineinpasst.

1

2

c) Schreibe in dein Heft.

1. Den größten Rauminhalt hat …
   Den kleinsten Rauminhalt hat …

2. Den größten Rauminhalt hat …
   Den kleinsten Rauminhalt hat …

2 Erinnert euch gemeinsam. Was ist der Rauminhalt eines Gefäßes?

3 Wie groß ist ein Liter?

Suche Gefäße, in die genau ein Liter passt. Prüfe mit dem Messbecher.

Gefäße, in die genau ein Liter passt:

1. eine Packung Milch
2. …

4 Wie viele Liter passen hinein?

a) Suche größere Gefäße, zum Beispiel Töpfe, Schalen oder Eimer.

b) Miss nach. Wie viele Liter passen hinein? Übertrage die Tabelle in dein Heft.

Gefäß	gemessener Rauminhalt
großer Topf	6 Liter
…	…
…	…
…	…

Liter und Milliliter

1 

a) Erzähle.

b) Welche Idee könnte Ole haben? Überlege mit deinem Partner.

c) Probiert aus. Wie viele Liter passen in einen Blumentopf?

2 Sucht verschiedene Gefäße. Wie viele Liter passen hinein?
Schätzt zuerst und messt dann nach.

Übertrage die Tabelle ins Heft.

Tipp: Du kannst auch in deinem Klassenraum oder deinem Kinderzimmer viele Dinge finden. Schau dich um!

Gefäß	geschätzter Rauminhalt	gemessener Rauminhalt
Topf		
Vase		
Eimer		
…		

3 Wie viele Liter sind es?

4 Schaue nach. Wie viele Liter sind es?

a) großer Eimer
b) Apfelsaft-Packung
c) Flasche Allzweckreiniger
d) Eistee-Packung
e) Milchpackung
f) große Limonadenflasche

5 Erzähle.

Warum misst Ole das Wasser für den Kuchen in Milliliter und nicht in Liter?

6 Suche verschiedene Gefäße.
Wie würdest du deren Rauminhalt bestimmen?

Übertrage die Tabelle in dein Heft.

Ich würde den Rauminhalt so messen:

in Liter	in Milliliter
...	Jogurtbecher
...	...

7 Wie viele Milliliter sind es?

a) 

b) 

c) 

d) 

8 Schau nach. Wie viele Milliliter sind es?

a) Duschgel b) Trinkpäckchen c) Parfüm

d) Spülmittel e) Deodorant f) Zahncreme

Den Rauminhalt kann man in Liter (l) und Milliliter (ml) messen.
1 l = 1 000 ml

Umfang bestimmen

1 Wie wird der Umfang gemessen?

2 a) Zeichne verschiedene Figuren in dein Heft.

b) Fahre ihren Umfang farbig nach.

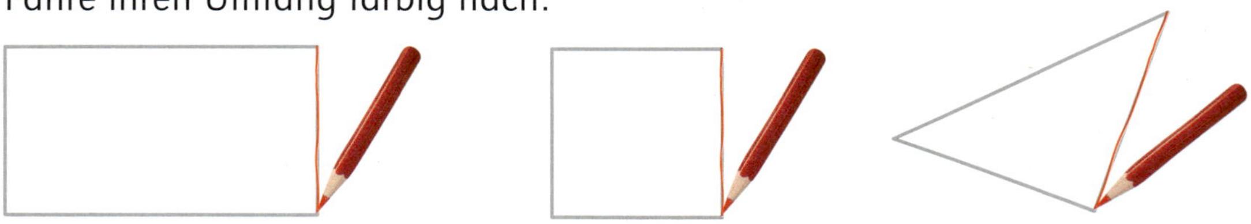

c) Zeichne mehrere Figuren übereinander.
Dein Partner fährt sie mit unterschiedlichen Farben nach.

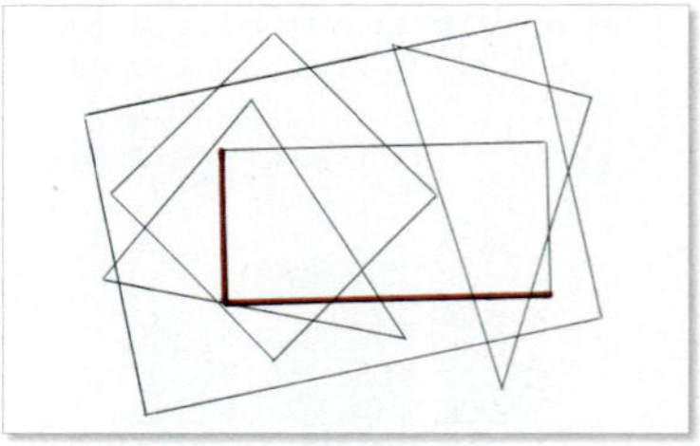

3 a) Legt den Umfang von Rechteck, Quadrat und Dreieck mit Streichhölzern.
Könnt ihr immer jede Figur legen?

b) Notiert eure Ergebnisse in einer Tabelle.

c) Was fällt euch auf? Begründet.

Anzahl der 			
1	nein	nein	nein
2	nein	nein	nein
3	nein	nein	ja
4			
5			
6			
7			
...			

4 a)

Miss wie Anna den Umfang von Gegenständen aus der Klasse.

b)

Umfahre die Gegenstände mit Bleistift.

5 a) Notiere deine Ergebnisse aus Aufgabe 4 in einer Tabelle.

b) Vergleicht eure Ergebnisse. Was stellt ihr fest?

Gegenstand	Umfang (Wollfaden)	Umfang (Bleistift)
Mathebuch		
Brotdose		
…		

6 So geht es ganz genau.

Den Umfang einer Figur bestimmst du, indem du alle Seitenlängen addierst.

	cm		mm
	1	4	2
+	1	2	4
+	1	4	2
+	1	2	4

a) Bestimme den Umfang von verschiedenen Gegenständen. Notiere deine Ergebnisse in einer Tabelle in deinem Heft.

b) Suche weitere Gegenstände im Klassenzimmer und zu Hause. Bestimme jeweils ihren Umfang.

Gegenstand	Berechnung Umfang	Umfang
Tafel	1 m + 2 m + 1 m + 2 m	6 m
Zeichenblock		
Bodenfliese		
Tisch		
Heft		
Brotdose		
Buch		
…		

Rechteck

1 Ecken des Rechtecks

> Die Ecken des Rechtecks werden mit großen Buchstaben bezeichnet:
> A, B, C, D

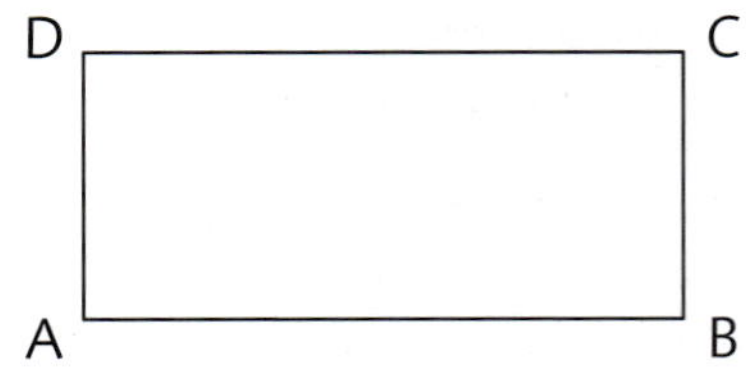

a) Zeichne Rechtecke in dein Heft. b) Bezeichne die Ecken mit Buchstaben.

2 Seiten des Rechtecks

> Die Seiten des Rechtecks werden mit kleinen Buchstaben bezeichnet:
> a, b, a, b

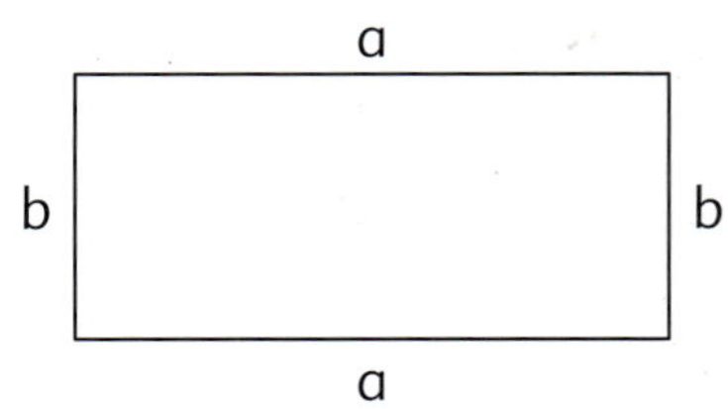

a) Zeichne Rechtecke in dein Heft. b) Bezeichne die Seiten mit Buchstaben.

3 Umfang des Rechtecks

> Der Umfang des Rechtecks wird durch Addieren der Seitenlängen bestimmt.
> $u_{\square} = a + b + a + b$

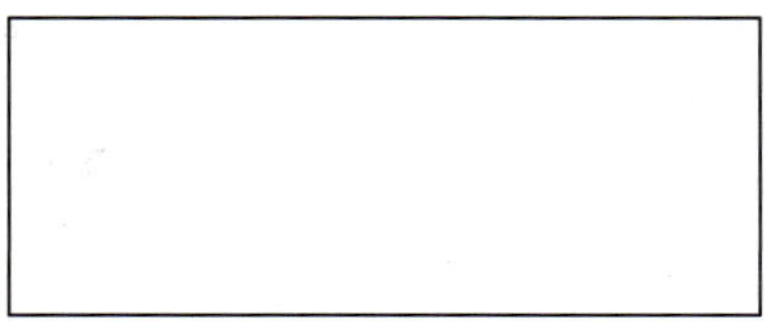

a) Berechne den Umfang des Rechtecks.

b) Zeichne Rechtecke.
Dein Partner berechnet die Umfänge.

4 Zeichne Rechtecke. Berechne anschließend ihre Umfänge.

$u_{\square}$ = 2 cm + 4 cm + 2 cm + 4 cm

$u_{\square}$ = cm

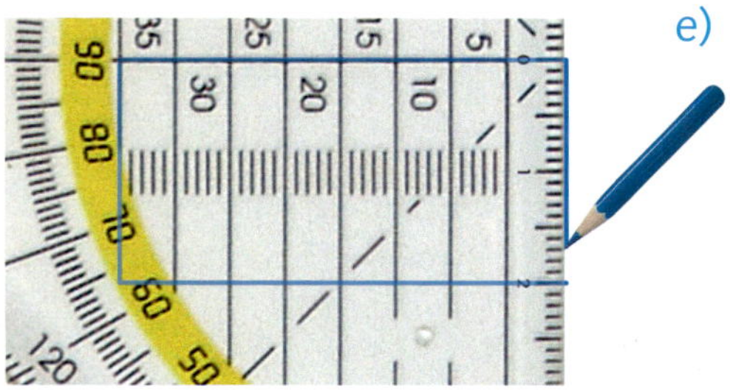

a) a = 2 cm, b = 4 cm
b) a = 1 cm, b = 3 cm
c) a = 7 cm, b = 4 cm
d) a = 5 cm, b = 2 cm
e) a = 2 cm, b = 6 cm
f) a = 3 cm, b = 6 cm

5 ★ a) Zeichne viele verschiedene Rechtecke mit $u_{\square}$ = 18 cm.

b) Besprich deine Lösungen mit einem Partner.

Quadrat

1 Ecken des Quadrats

> Die Ecken des Quadrats werden mit großen Buchstaben bezeichnet: A, B, C, D

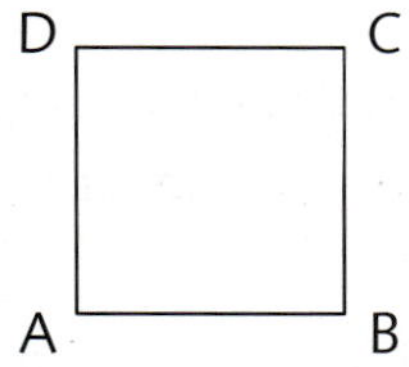

a) Zeichne Quadrate in dein Heft. b) Bezeichne die Ecken mit Buchstaben.

2 Seiten des Quadrats

> Die Seiten des Quadrats werden mit kleinen Buchstaben bezeichnet: a, a, a, a

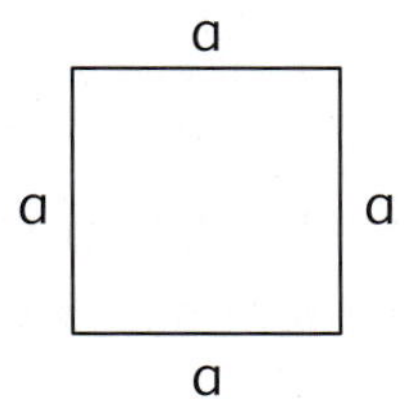

a) Zeichne Quadrate in dein Heft. b) Bezeichne die Seiten mit Buchstaben.

3 Umfang des Quadrats

> Der Umfang des Quadrats wird durch Addieren der Seitenlängen bestimmt.
> $u_{\square} = a + a + a + a$

a) Berechne den Umfang des Quadrats.

b) Zeichne Quadrate. Dein Partner berechnet die Umfänge.

4 Zeichne Quadrate. Berechne anschließend ihre Umfänge.

$u_{\square}$ = 3 cm + 3 cm + 3 cm + 3 cm

$u_{\square}$ = cm

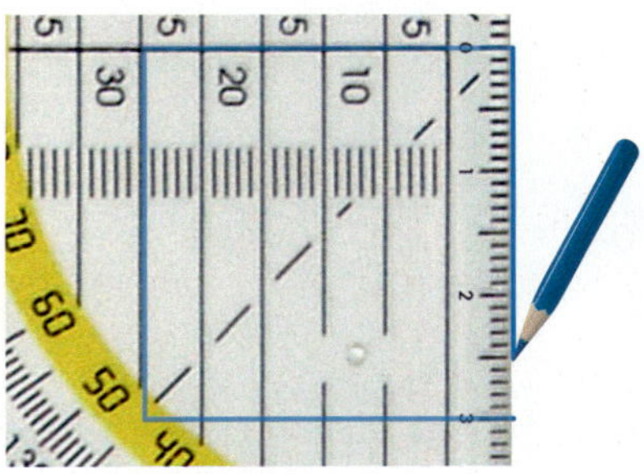

a) a = 3 cm
b) a = 4,5 cm
c) a = 7 cm
d) a = 2,5 cm
e) a = 2 cm
f) a = 5,8 cm

5 a) Zeichne Quadrate um Quadrate. Beginne mit a = 2 cm. Die Seiten der folgenden Quadrate sollen immer 1 cm länger sein.

b) Berechne die Umfänge. Was fällt dir auf?

Dreieck

1 Ecken des Dreiecks

> Die Ecken des Dreiecks werden mit großen Buchstaben bezeichnet: A, B, C

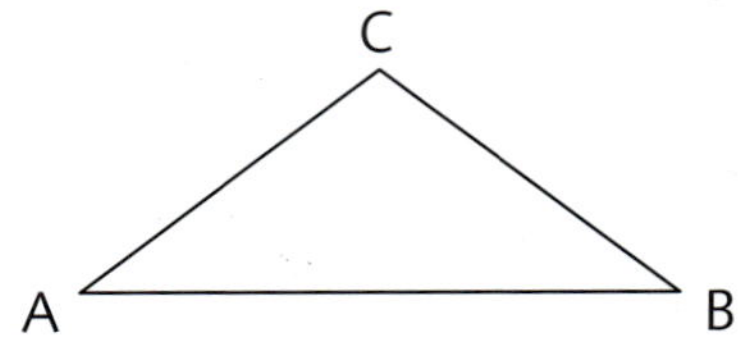

a) Zeichne Dreiecke in dein Heft. b) Bezeichne die Ecken mit Buchstaben.

2 Seiten des Dreiecks

> Die Seiten des Dreiecks werden mit kleinen Buchstaben bezeichnet: a, b, c
> Seite a liegt gegenüber von Ecke A.
> Seite b liegt gegenüber von Ecke B.
> Seite c liegt gegenüber von Ecke C.

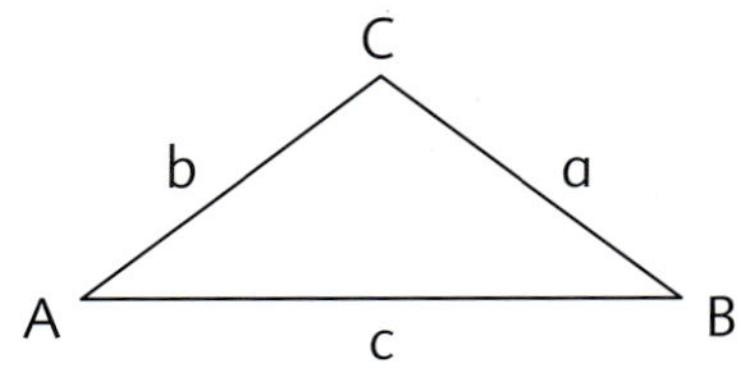

a) Zeichne Dreiecke in dein Heft. b) Bezeichne die Seiten und Ecken mit Buchstaben.

3 Umfang des Dreiecks

> Der Umfang des Dreiecks wird durch Addieren der Seitenlängen bestimmt.
> $u_{\triangle} = a + b + c$

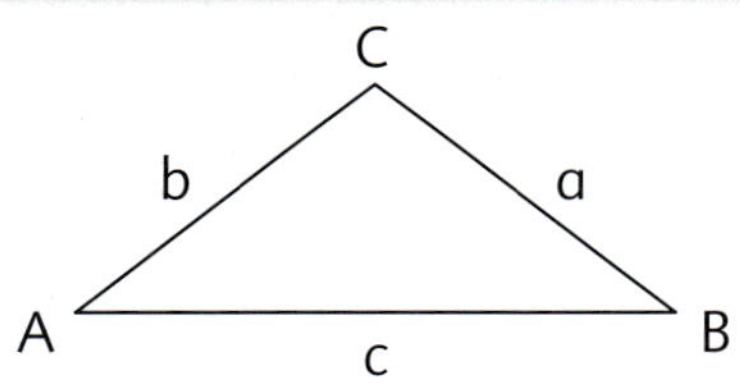

a) Berechne den Umfang des Dreiecks.

b) Zeichne Dreiecke.
Dein Partner berechnet die Umfänge.

4 Berechne die Umfänge.

$u_{\triangle}$	=	a		+	b		+	c
$u_{\triangle}$	=	4	cm	+	7	cm	+	5 cm
$u_{\triangle}$	=		cm					

a) a = 4 cm, b = 7 cm, c = 5 cm

b) a = 6 cm, b = 3 cm, c = 8 cm

c) a = 2 cm, b = 5 cm, c = 9 cm

d) a = 7 cm, b = 10 cm, c = 4 cm

Übung

1 Zeichne Figuren. Dein Partner misst und berechnet den Umfang.

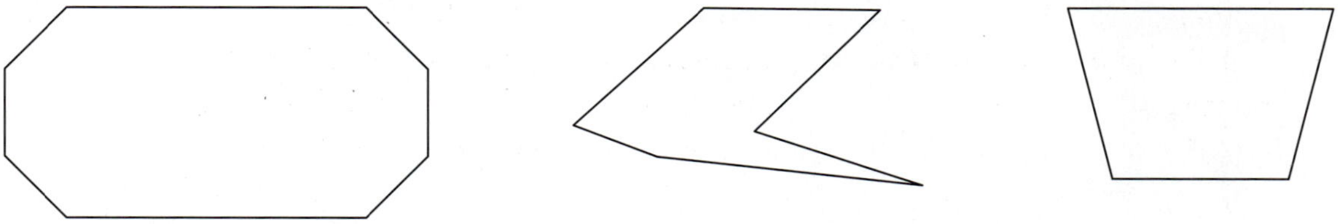

2 

a) Messt und notiert den Umfang eines DIN-A4-Blattes. Rundet die Seitenlängen auf ganze Zentimeter.

b) Legt zwei DIN-A4-Blätter an einer langen Seite aneinander. Messt und notiert den Umfang der neu entstandenen Figur. Rundet wieder auf ganze Zentimeter.

c) Legt zwei DIN-A4-Blätter an einer kurzen Seite aneinander. Messt und notiert den Umfang der neu entstandenen Figur. Rundet wieder auf ganze Zentimeter.

d) Vergleicht die Umfänge von a), b) und c). Besprecht die Ergebnisse.

3 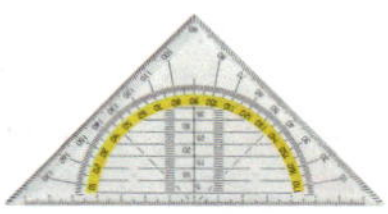

a) Messt und notiert den Umfang eines Geodreiecks. Rundet die Seitenlängen auf ganze Zentimeter.

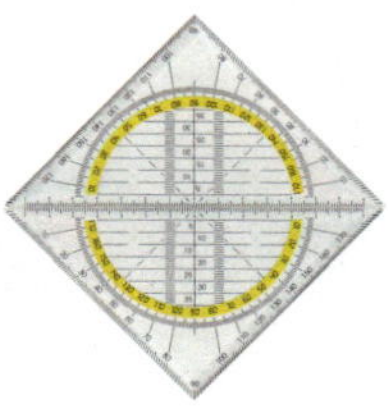

b) Legt zwei Geodreiecke an den langen Seiten aneinander. Welche Figur entsteht? Messt und notiert den Umfang. Rundet wieder auf ganze Zentimeter.

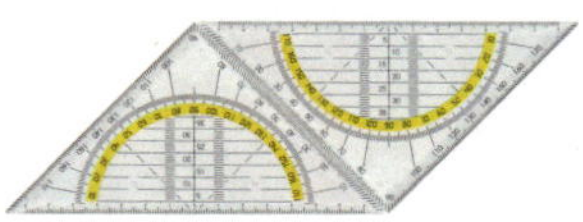

c) Legt zwei Geodreiecke an den kurzen Seiten aneinander. Welche Figur entsteht? Messt und notiert den Umfang. Rundet wieder auf ganze Zentimeter.

d) Vergleicht die Umfänge von a), b) und c). Besprecht die Ergebnisse.

4 Zeichnet viele verschiedene Figuren mit einem Umfang von 50 cm. Wie viele Figuren findet ihr? Stellt eure Ergebnisse aus.

Geschicktes Rechnen

1 Erzähle.

2 Lege nach und schreibe die Aufgaben in dein Heft.

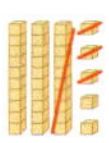
35 − 13

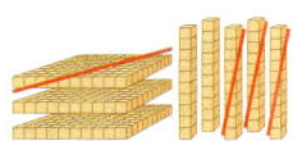
350 − 130

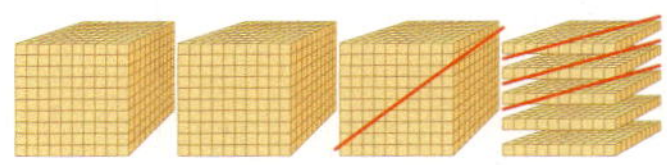
3 500 − 1 300

a) 46 − 13	b) 53 − 21	c) 85 − 24	d) 69 − 43
460 − 130	530 − 210	850 − 240	690 − 430
4 600 − 1 300	5 300 − 2 100	8 500 − 2 400	6 900 − 4 300

3 Schreibe die Aufgaben in dein Heft und rechne im Kopf.

a) 900 − 500	b) 4 000 − 2 000	c) 5 000 − 300	d) 2 600 − 200
700 − 300	8 000 − 7 000	2 000 − 400	3 400 − 300
500 − 100	5 000 − 5 000	9 000 − 700	6 800 − 700
400 − 200	6 000 − 2 000	7 000 − 600	5 300 − 300

4 Schreibe die Aufgaben in dein Heft und subtrahiere.
Kontrolliere mit dem Taschenrechner.

a) 7 900 | 4 600 − 1 400 | 2 600 | 3 500 | 4 200 | 2 300

b) 9 400 | 6 500 − 4 300 | 5 400 | 6 200 | 1 100 | 3 500

5 Auch diese Aufgaben kannst du im Kopf rechnen.

a) 20 − 1
200 − 1
2000 − 1

b) 60 − 1
600 − 1
6000 − 1

c) 80 − 1
800 − 1
8000 − 1

d) 100 − 1
1000 − 1
10000 − 1

e) 31 − 2
231 − 2
1231 − 2

f) 12 − 3
412 − 3
6412 − 3

g) 71 − 3
571 − 3
9571 − 3

h) 51 − 2
951 − 2
3951 − 2

6 2460 3860 − 60 50 30 10 20 80 200

7 Rechne im Kopf und schreibe ins Heft.

a) 5700 − ■ = 5300
5400 − ■ = 5000
5000 − ■ = 4800
5100 − ■ = 4900

b) 3900 − ■ = 3100
3400 − ■ = 3000
3000 − ■ = 2600
3300 − ■ = 2800

c) 7800 − ■ = 7500
7700 − ■ = 7000
7000 − ■ = 6200
7500 − ■ = 6900

8 Schreibe in dein Heft und rechne.

a) −200

4800	7200
1900	1000

b) −1000

5900	9000
1200	7800

c) ★ −50

6790	1280
2950	2100

9 Lisa und ihre Freunde haben für die Tiere im Wald 1380 Kastanien gesammelt. Für das Basteln in der Schule wollen sie 160 Stück behalten.

a) Welche Frage passt zu der Aufgabe? Begründe.

Welche Farbe haben Kastanien?

Wie viele Kastanien sind für die Tiere übrig?

Wie viele Kastanien hat Lisa gesammelt?

b) Berechne die Aufgabe.

10 Erfindet eine eigene Rechengeschichte und malt ein passendes Bild. Stellt die Aufgabenbilder aus. Jeder darf sich ein Bild aussuchen und sich drei Fragen dazu ausdenken. Eine der Fragen soll zur Aufgabe passen, die anderen beiden nicht. Berechnet anschließend die Aufgabe.

Schriftliche Subtraktion mit zwei Überträgen

1 Die Winterbach-Schule hat für den Kauf von Pausen-Spielzeug noch 546 €.
Die Kinder wünschen sich Hüpfbälle für 167 €.

Wie viel Geld bleibt für weiteres Spielzeug übrig?

Mira schreibt:

Die Aufgabe heißt:
546 **minus** 167

Zuerst subtrahiere ich die **Einer**:
6 **minus** 7 **kann ich nicht rechnen**.

	T	H	Z	E
		5	4	6
−		1	6	7

Ich wechsle 1 **Zehner** in 10 **Einer**.
Jetzt habe ich nur noch 3 **Zehner** …

	T	H	Z	E
			3	
		5	~~4~~	6
−		1	6	7

… und ich habe nicht mehr 6 **Einer**,
sondern 16 **Einer**.
Ich rechne 16 **minus** 7 **gleich** 9.

	T	H	Z	E
			3	16
		5	~~4~~	~~6~~
−		1	6	7
				9

Ich subtrahiere die **Zehner**:
3 **minus** 6 **kann ich nicht rechnen**.

	T	H	Z	E
			3	16
		5	~~4~~	~~6~~
−		1	6	7
				9

Ich wechsle 1 **Hunderter** in 10 **Zehner**.
Jetzt habe ich nur noch 4 **Hunderter** …

	T	H	Z	E
		4	3	16
		~~5~~	~~4~~	~~6~~
−		1	6	7
				9

… und ich habe nicht mehr 3 **Zehner**,
sondern 13 **Zehner**.
Ich rechne 13 **minus** 6 **gleich** 7.

	T	H	Z	E
		4	13	16
		~~5~~	~~4~~	~~6~~
−		1	6	7
			7	9

Zum Schluss berechne ich die **Hunderter**:
4 **minus** 1 **gleich** 3

	T	H	Z	E
		4	13	16
		~~5~~	~~4~~	~~6~~
−		1	6	7
		3	7	9

Das Ergebnis ist 379.
Für weiteres Spielzeug bleiben 379 € übrig.

Ergänzungsverfahren als Alternative S. 144

2 Rechne wie Mira.

a)

	T	H	Z	E
		5	11	14
		~~6~~	~~2~~	~~4~~
−		2	6	8

b)

	T	H	Z	E
		8	3	5
−		1	5	7

c)

	T	H	Z	E
		5	6	1
−		2	7	6

d)

	T	H	Z	E
		9	4	5
−		6	7	6

Schlüssel: 269 285 356 578 678

3 Tim rechnet mit großen Zahlen.

a) Lies die Aufgabe laut vor, bevor du mitrechnest.

b) Decke zum Vergleich die Tausenderspalte ab. Was fällt dir auf?

	ZT	T	H	Z	E
			6	13	12
		6	~~7~~	~~4~~	~~2~~
−		2	1	5	6

4 Rechne wie Tim.

a)

	T	H	Z	E
	7	4	2	3
−	3	1	6	6

b)

	T	H	Z	E
	9	7	3	4
−	6	4	7	8

c)

	T	H	Z	E
	8	9	4	5
−	3	6	8	9

d)

	T	H	Z	E
	6	6	3	4
−	2	1	9	6

Schlüssel: 3256 3266 4257 4438 5256

5 Die Aufgabe heißt 513 – 179.
Anna rechnet und es entsteht beim Übertrag eine Null. So rechnet Anna:

1

	T	H	Z	E
			0	
		5	~~1~~	3
−		1	7	9

2

	T	H	Z	E
			0	13
		5	~~1~~	~~3~~
−		1	7	9
				4

3

	T	H	Z	E
		4	10	13
		~~5~~	~~1~~	~~3~~
−		1	7	9
			3	4

4

	T	H	Z	E
		4	10	13
		~~5~~	~~1~~	~~3~~
−		1	7	9
		3	3	4

6 Rechne wie Anna im Heft. Schreibe stellengerecht untereinander.
Achte auf die Rechenreihe. Rechne die Probe.

	7	10	14
	~~8~~	~~1~~	~~4~~
−	1	8	6
	6	2	8

Probe:

	6	2	8
+	1	8	6

a) 814 − 186 227 359 475

b) 613 − 147 286 334 458

c) 6512 − 165 234 378 437

d) 8147 − 1854 2965 3582 4593

Schriftliche Subtraktion mit Übertrag bei der Null

1 Auf seinem Sparbuch hat Murat 403 €.
Er möchte sich für 139 € eine Musikanlage kaufen.

Wie viel Geld bleibt noch auf dem Sparbuch?

Murat schreibt:

Die Aufgabe heißt:
403 **minus** 139

Zuerst subtrahiere ich die **Einer**:
3 **minus** 9 **kann ich nicht rechnen**.

	T	H	Z	E
		4	0	3
−		1	3	9

ACHTUNG: 0 **Zehner** kann ich nicht in **Einer** wechseln!

Ich gehe eine Stelle weiter.
Dort habe ich 4 **Hunderter**.
Das sind 40 **Zehner**.

	T	H	Z	E
		4	0	3
−		1	3	9

Davon wechsle ich 1 **Zehner** in 10 **Einer**,
dann habe ich 39 **Zehner** …

	T	H	Z	E
		3	9	
		~~4~~	~~0~~	3
−		1	3	9

… und ich habe nicht mehr 3 **Einer**,
sondern 13 **Einer**.
Ich rechne 13 **minus** 9 **gleich** 4.

	T	H	Z	E
		3	9	13
		~~4~~	~~0~~	~~3~~
−		1	3	9
				4

Jetzt subtrahiere ich die **Zehner**:
9 **minus** 3 **gleich** 6

	T	H	Z	E
		3	9	13
		~~4~~	~~0~~	~~3~~
−		1	3	9
			6	4

Zum Schluss subtrahiere ich die **Hunderter**:
3 **minus** 1 **gleich** 2

	T	H	Z	E
		3	9	13
		~~4~~	~~0~~	~~3~~
−		1	3	9
		2	6	4

Das Ergebnis ist 264.
Auf dem Sparbuch bleiben noch 264 €.

a) Wie hat Murat gerechnet?

b) Was ist beim Aufschreiben wichtig?

Ergänzungsverfahren als Alternative S. 144

2 Rechne wie Murat.

a)

	T	H	Z	E
		2	9	12
		~~3~~	~~0~~	~~2~~
−		1	1	5

b)

	T	H	Z	E
		9	0	7
−		3	2	9

c)

	T	H	Z	E
		5	0	6
−		2	5	7

d)

	T	H	Z	E
		8	0	1
−		3	4	5

🔑 187 249 349 456 578

3 Rechne mit großen Zahlen.

a)

	T	H	Z	E
	8	5	0	3
−	4	2	4	9

b)

	T	H	Z	E
	8	9	0	4
−	5	4	3	8

c)

	T	H	Z	E
	6	7	0	5
−	4	6	2	9

d)

	T	H	Z	E
	5	6	0	4
−	2	4	3	7

🔑 2076 3167 3254 3466 4254

4 Schreibe stellengerecht untereinander und rechne.

a) 7504 − 3218 b) 9602 − 5324 c) 8903 − 405 d) 5706 − 357

5 Lisa rechnet auch mit großen Zahlen.
Sie möchte die Aufgabe 8049 − 4627 rechnen.

Wie kann sie rechnen?

	ZT	T	H	Z	E
		8	0	4	9
−		4	6	2	7

6 Rechne im Heft. Schreibe stellengerecht untereinander.
Achte auf die Rechenreihe. Rechne die Probe.

		3	9	12
	8	~~4~~	~~0~~	~~2~~
−		1	7	3
	8	2	2	9

Probe:

	8	2	2	9
+		1	7	3
		1	1	
	8	4	0	2

a) 8402 − 173 1235 6127 4248

b) 6036 − 2484 752 1675 3182

c) 5045 − 2571 3754 382 1464

d) 7604 − 528 5485 1439 3647

7 ★ In der Stadtbücherei gibt es
8006 Bücher für Kinder und Jugendliche.
Derzeit sind 1431 Bücher ausgeliehen.

Übung

1 Mira möchte Paul helfen. Erkläre.

2 Lege die Aufgaben wie Mira und rechne dann wie Paul.

a) 5460 − 2135
5460 − 241
5460 − 57

b) 7890 − 459
7890 − 2314
7890 − 63

c) 4530 − 327
4530 − 26
4530 − 2112

	ZT	T	H	Z	E
				5	10
		5	4	~~6~~	~~0~~
−		2	1	3	5
		3	3	2	5

3 Schreibe stellengerecht untereinander und rechne.

a) 6780 − 2345 | 1234 | 3456 | 4567 | 5459

b) 4444 − 84 | 189 | 3249 | 1572 | 2288

★ c) 7570 − 95 | 381 | 2493 | 4836 | 5743

4 Welche Frage passt zur Aufgabe? Wähle aus und rechne.

a) Beim Fußballspiel sind 6850 Zuschauer.
Als es regnet, gehen 2415 nach Hause.

Welche Mannschaft hat gewonnen?

Wie viele Plätze hat das Stadion?

Wie viele Zuschauer sind noch beim Spiel?

b) Die Rennstrecke ist 9780 m lang.
Der schnellste Fahrer hat schon 6349 m zurückgelegt.

Wie viele Meter muss der Fahrer noch fahren?

Wie viele Fahrer fahren mit?

Wie viele Meter ist der Fahrer schon gefahren?

5 Ina rechnet mit Probe.

	ZT	T	H	Z	E
			7	9	10
		6	~~8~~	~~0~~	~~0~~
−		3	6	4	8
		3	1	5	2

Bei zwei Nullen am Ende rechne ich so wie immer. Dann rechne ich die Probe.

	ZT	T	H	Z	E
		3	1	5	2
		3	6	4	8
+			1	1	
		6	8	0	0

6 Rechne die Aufgabe und die Probe wie Ina.

a) 7600 − 2434
7600 − 4262
7600 − 5181

b) 9700 − 2356
9700 − 6189
9700 − 4523

c) 8900 − 1612
8900 − 3797
8900 − 5246

7 Dennis muss aufpassen. Er subtrahiert vom Tausender. So rechnet er:

1

	T	H	Z	E
	8	0	0	0
−	4	6	3	5

2

	T	H	Z	E
	7	9	9	
	~~8~~	~~0~~	~~0~~	0
−	4	6	3	5

3

	T	H	Z	E
	7	9	9	10
	~~8~~	~~0~~	~~0~~	~~0~~
−	4	6	3	5
				5

4

	T	H	Z	E
	7	9	9	10
	~~8~~	~~0~~	~~0~~	~~0~~
−	4	6	3	5
	3	3	6	5

8 Subtrahiere vom Tausender. Schreibe stellengerecht. Rechne mit Probe.

a) 5000 − 2365 | 1299 | 3218 | 437 | 693

b) 8000 − 4036 | 6821 | 2999 | 658 | 708

c) 10000 − 6374 | 3010 | 2350 | 867 | 999

9 Für die AG Schmuck hat Frau Lingener eine große Kiste mit 4000 Perlen gekauft. Im ersten Halbjahr wurden 2745 Perlen verbraucht.

Wie viele Perlen sind noch übrig?

Umgang mit Sachaufgaben

1 Ein Tankwagen ist mit 8462 l Biodiesel beladen. Die Tankstelle in Hagen wird mit 2138 l beliefert.

Wie kannst du rechnen? Beachte die Schritte.

1. Ich lese die Aufgabe genau und schreibe eine Frage.	Frage: Wie viele Liter bleiben im Tankwagen?
2. Ich nutze Rechenhilfen. z. B.: Überschlag, Skizze, Zahlenstrahl, Material	Überschlag: 8000 l − 2000 l = 6000 l
3. Ich rechne die Aufgabe aus.	Rechnung: 8462 l − 2138 l = 6324 l (Überträge: 5, 12)
4. Ich überprüfe das Ergebnis.	6324 l ≈ 6000 l
5. Ich schreibe eine Antwort.	Antwort: Im Tankwagen bleiben 6324 l.

Ich schreibe stellengerecht untereinander. Ich achte beim Rechnen auf die Überträge.

Das Ergebnis kann stimmen.

2 Herr Friedemann möchte sich einen neuen Kleinwagen für 9845 € kaufen. Für sein altes Auto bekommt er noch 1262 €.

3 Fatima und ihr Bruder haben 312 € gespart. Sie möchten sich eine neue Fotokamera für 169 € kaufen.

4 Der Lkw bringt Gummibärchen zu den Supermärkten nach Schnökerhausen. Zur Naschbutze bringt er 3460 Tüten. Der Fahrer isst jeden Tag 21 Lakritzschnecken und drei Lollies.

Hohe Berge

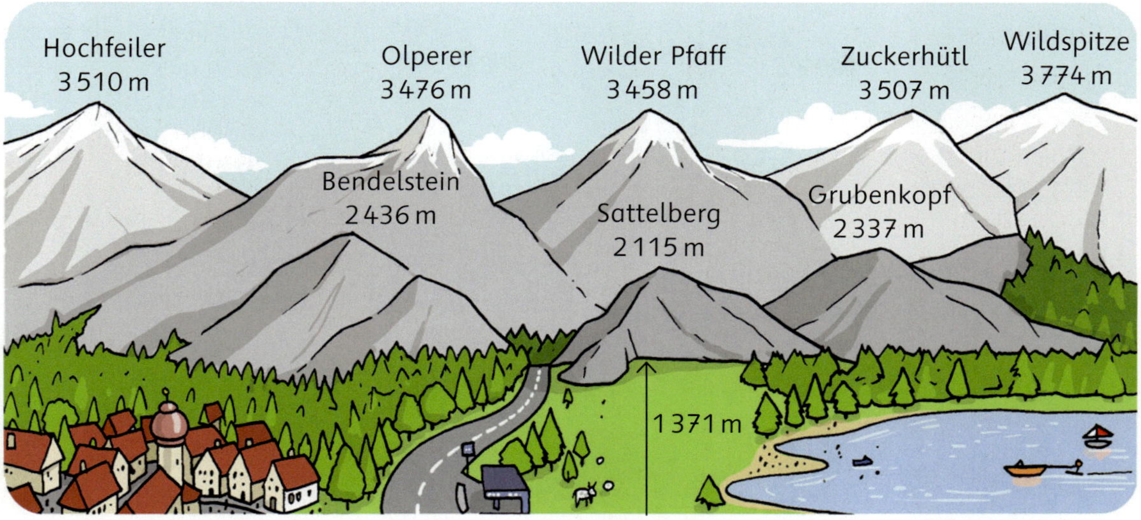

Familie Elbrecht fährt mit dem Auto in den Urlaub. Durch die Alpen nimmt sie die Brennerpass-Straße (1371 m über NN) nach Italien. Vom Brennerpass blickt man auf viele hohe Berge.

1 Schaut euch im Atlas eine Karte von Österreich an. Wo liegt der Brennerpass?

2 Wie viele Höhenmeter geht es von den Gipfeln der einzelnen Berge zum Brennerpass hinunter? Berechne die Höhenunterschiede.

a) zwischen Grubenkopf und Pass

b) zwischen Hochfeiler und Pass

c) zwischen Zuckerhütl und Pass

d) zwischen Wildspitze und Pass

Vom Sattelberg zum Pass:

	2	1	1	5	m
−	1	3	7	1	m

3 Der Mont Blanc („Weißer Berg") ist mit 4810 m der höchste Berg der Alpen. Vergleicht die Höhe des Mont Blanc mit der Höhe eines anderen Berges.

a) Wie heißt die Frage?

b) Überschlagt das Ergebnis. Rundet hierfür auf Tausender.

c) Schreibt stellengerecht untereinander und rechnet.

d) Überprüft das Ergebnis (Probe oder Taschenrechner).

e) Vergleicht die Höhenunterschiede weiterer Berge.

Gewichte vergleichen und messen

1 Erzähle.

1 Kilogramm = 1 000 Gramm

2 Welches Gewicht passt? Ordne zu und begründe.

A 

B 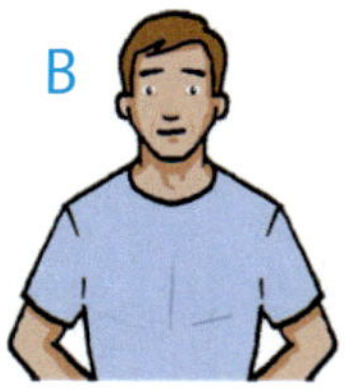

C 

D 

1 85 kg   2 100 g

3 1 g   4 1 kg

3 a) Übertrage die Tabelle ins Heft und ergänze. Schätze zuerst das Gewicht. Prüfe mit einer Waage.

b) Welche Waage hast du verwendet? Begründe.

	geschätzt	gemessen
Buch		
Federtasche		
Apfel		
Schultasche		
Trinkflasche		

4 Vergleiche.
Verwende die Begriffe: leichter als   schwerer als   genauso schwer wie

a) 

b) 

c) 

5 ★ Ordne die drei Kuchenstücke nach ihrem Gewicht. Beginne mit dem schwersten.

6 Was ist schwerer: ein Kilogramm Gold oder ein Kilogramm Federn?

Das Pfund

1 Erzähle.

1 Kilogramm = 2 Pfund

Pfund: ist eine alte Maßeinheit für das Gewicht. Es wurde hauptsächlich für Lebensmittel benutzt. Heute kennen es fast nur noch ältere Leute. In der wissenschaftlichen Sprache kommt es kaum noch vor. Offiziell wurde das Pfund als Maßeinheit 1984 abgeschafft. Das Zeichen für Pfund sieht so aus:

℔

2 a) Schreibe in Pfund: 8 kg 3 kg 10 kg 4 kg

8 kg = 16 Pfund

b) Schreibe in Kilogramm: 6 Pfund 10 Pfund 4 Pfund 14 Pfund

3

1 Pfund = 500 Gramm

4 Schreibe in Gramm.

a) 1 Pfund 2 Pfund 4 Pfund 3 Pfund

1 Pfund = 500 g

b) 7 Pfund 5 Pfund 9 Pfund 6 Pfund

5 Schreibe in Pfund.

a) 1 000 g 2 000 g 3 000 g 500 g

1000 g = 2 Pfund

b) 2 500 g 4 000 g 1 500 g 3 500 g

Kilogramm und Gramm

1 Erzähle.

1 kg = 1 000 g

2 Finde mindestens fünf Gegenstände, die …

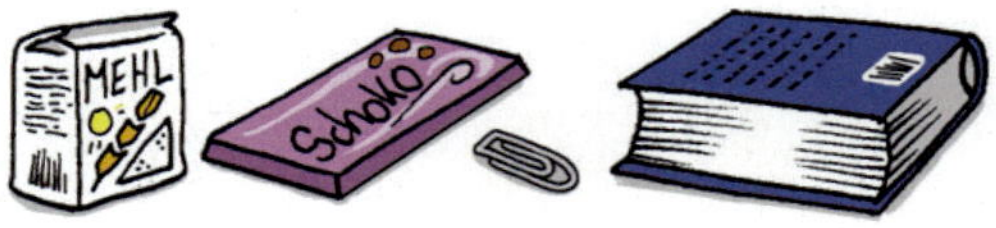

a) etwa 1 kg wiegen,

b) weniger als 1 kg wiegen,

c) mehr als 1 kg wiegen.

3 a) Schreibe in g: 5 kg 10 kg 3 kg 9 kg 2 kg

b) Schreibe in kg: 4 000 g 6 000 g 1 000 g 8 000 g 7 000 g

4 Schreibe die Gewichte in eine Stellenwerttafel und rechne in kg um.

kg	g		
9	2	8	1

9 kg 2 8 1 g = 9,2 8 1 kg

a) 9 kg 281 g
3 kg 140 g
1 kg 516 g

b) 5 kg 812 g
2 kg 976 g
8 kg 341 g

5 Du kannst Gewichte in eine Stellenwerttafel eintragen.
Das hilft dir beim Umrechnen von g in kg und umgekehrt.

	kg	g		
7 264 g	7	2	6	4
2 091 g	2	0	9	1
8 305 g				
1 007 g				
5 280 g				

7 264 g = 7,264 kg
2 091 g = 2,091 kg

Der rote Strich trennt kg und g. Wenn du das Gewicht in kg schreibst, muss dort ein Komma gesetzt werden.

Übertrage ins Heft und ergänze.

6 Schreibe die Gewichte in eine Stellenwerttafel und rechne in kg um.

a) 9 100 g
9 010 g
9 001 g

b) 8 300 g
8 030 g
8 003 g

c) 1 400 g
1 040 g
1 004 g

kg	g		
9	1	0	0

9 1 0 0 g = 9,1 0 0 kg

Die Kinder sollten die Größen vor und nach dem Umrechnen aussprechen.

7 Schreibe die Gewichte in eine Stellenwerttafel und rechne in g um.

kg	g		
7	5	0	0

7,500 kg = 7500 g

a) 7,500 kg
7,050 kg
7,005 kg

b) 2,700 kg
2,070 kg
2,007 kg

c) 4,800 kg
4,080 kg
4,008 kg

8 Schreibe in g. Ordne. Beginne mit dem kleinsten Gewicht.

a) 2,917 kg 2179 g 2,791 kg

b) 5836 g 6,538 kg 6,385 kg

9 Erzähle.

10 Schreibe in eine Stellenwerttafel und ergänze die Null wie im Beispiel.

3 kg 37 g

kg	g		
3	0	3	7

a) 3 kg 37 g
8 kg 15 g
4 kg 92 g

b) 6 kg 61 g
5 kg 50 g
2 kg 43 g

c) 5 kg 4 g
7 kg 1 g
9 kg 2 g

11 Schreibe in eine Stellenwerttafel und rechne in kg um.

kg	g		
7	0	6	4

7 kg 64 g = 7,064 kg

a) 7 kg 64 g
2 kg 15 g
9 kg 83 g

b) 8 kg 2 g
5 kg 4 g
4 kg 7 g

12 ★ Schreibe in eine Stellenwerttafel und rechne in kg und g um.

a) 5,008 kg
9,027 kg
1,034 kg

b) 6,004 kg
8,071 kg
4,029 kg

c) 7,002 kg
2,005 kg
8,037 kg

kg	g		
5	0	0	8

5,008 kg = 5 kg 8 g

Die Kinder sollten die Größen vor und nach dem Umrechnen aussprechen.

Kilogramm und Tonne

1 Erzähle.

1 Tonne = 1000 Kilogramm
1 t = 1000 kg

2 Welche Gewichte werden auch in Tonnen angegeben? Begründe.

a)

b)

3 Welches Gewicht passt? Ordne zu.

A

B

C

1 160 t

2 1,6 t

3 6 t

4 Ordne diese Fahrzeuge nach ihrem Gewicht. Begründe.

5 Erzähle.

6 a) Schreibe in kg: 6t 2t 5t 7t 9t 1t 10t

b) Schreibe in t: 3000kg 8000kg 4000kg 1000kg

6 t = 6 0 0 0 kg

7 Du kannst Gewichte in eine Stellenwerttafel eintragen.
Das hilft dir beim Umrechnen von kg in t und umgekehrt.

	t	kg		
5381 kg	5	3	8	1
4620 kg	4	6	2	0
1030 kg				
9204 kg				
7008 kg				

5381 kg = 5,381 t
4620 kg = 4,620 t

Der rote Strich trennt t und kg. Wenn du das Gewicht in t schreibst, muss dort ein Komma gesetzt werden.

Übertrage ins Heft und ergänze.

8 Schreibe die Gewichte in eine Stellenwerttafel und rechne in t um.

a) 3340 kg
5094 kg
8615 kg
1509 kg

b) 4136 kg
7450 kg
2008 kg
6064 kg

t	kg		
3	3	4	0

3 3 4 0 kg = 3,3 4 0 t

9 Schreibe die Gewichte in eine Stellenwerttafel und rechne in kg um.

t	kg		
6	4	8	1

6,4 8 1 t = 6 4 8 1 kg

a) 6,481 t
3,794 t
2,809 t
7,156 t

b) 8,042 t
5,379 t
1,604 t
4,955 t

c) 9,258 t
6,413 t
5,067 t
8,840 t

10 Schreibe in kg. Ordne. Beginne mit dem kleinsten Gewicht.

a) 6,470 t 6047 kg 7,704 t

b) 5,108 t 5,018 t 5810 kg

Die Kinder sollten die Größen vor und nach dem Umrechnen aussprechen.

Schwere Tiere

1 Ordne die Tiere nach ihrem Gewicht. Beginne mit dem schwersten Tier.

2 Im Giraffengehege werden die Elterntiere gewogen. Wie groß ist der Unterschied zwischen Bulle und Kuh?

3 Eine Giraffe wiegt bei ihrer Geburt etwa 95 kg.

a) Wie viel hat die Kuh seit ihrer Geburt zugenommen?

b) Wie viel hat der Bulle seit seiner Geburt zugenommen?

4 Ein Elefant braucht jeden Tag etwa 190 kg Futter.

a) Wie viele Kilogramm Futter werden pro Tag für alle fünf Elefanten benötigt?

b) Wie viele Kilogramm Futter braucht man für eine Woche?

5 Der kleine Elefant ist 4 Jahre alt und wiegt 1 481 kg.
Bei seiner Geburt wog er 134 kg. Wie viel hat er schon zugenommen?

Schwere Fahrzeuge

1 Ordne die Fahrzeuge nach ihrem Gewicht. Beginne mit dem leichtesten Fahrzeug.

2 Ein Auto hat ein zulässiges Gesamtgewicht von 1,675 t. Sein Leergewicht beträgt 1,140 t. Wie viele Kilogramm dürfen noch zugeladen werden?

3 Das Auto der Familie Meier hat ein Leergewicht von 1 370 kg. Wenn die Familie mit Gepäck in den Urlaub fährt, werden noch 378 kg zugeladen. Wie viel wiegt das Auto dann insgesamt?

4 Der Lkw wiegt 7,482 t, der Kleintransporter nur 3,391 t. Wie groß ist der Gewichtsunterschied zwischen beiden Fahrzeugen?

5 ★

Das Frachtschiff wurde mit Getreide, Baumwolle und Kaffee beladen.

a) Wie viel wiegt die Ladung insgesamt?

b) Im nächsten Hafen wird das Schiff noch mit Holz beladen. Dann wiegt die Fracht insgesamt 3 749 t. Wie viele Tonnen Holz wurden geladen?

c) Im dritten Hafen werden die Baumwolle und der Kaffee entladen. Wie viele Tonnen werden insgesamt entladen?

Kreise entdecken und untersuchen

1

a) Wo findest du Kreise? Im Schulgebäude, auf dem Heimweg, im Park, auf dem Spielplatz …?

b) Erstellt Listen und vergleicht.

2 Kreise zeichnen

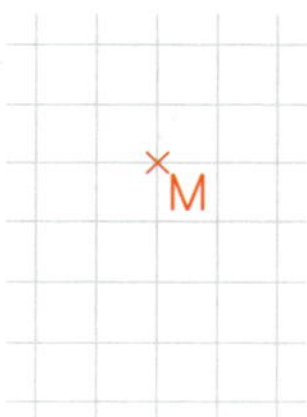

Lege einen Mittelpunkt fest.

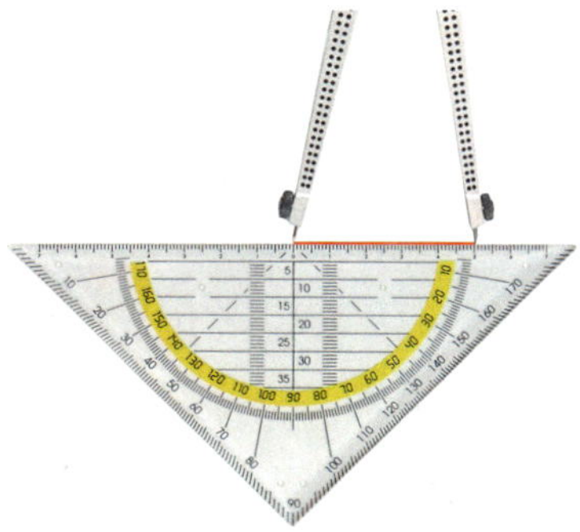

Stelle den Zirkel auf die gewünschte Größe ein.

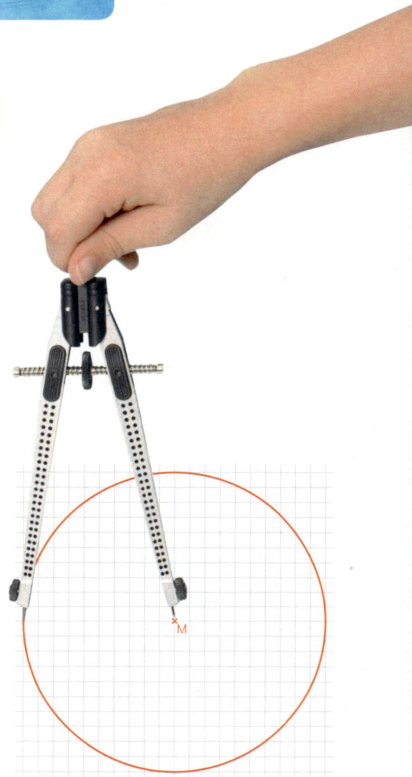

Ziehe einen Kreis um den Mittelpunkt.

3 Kreise untersuchen

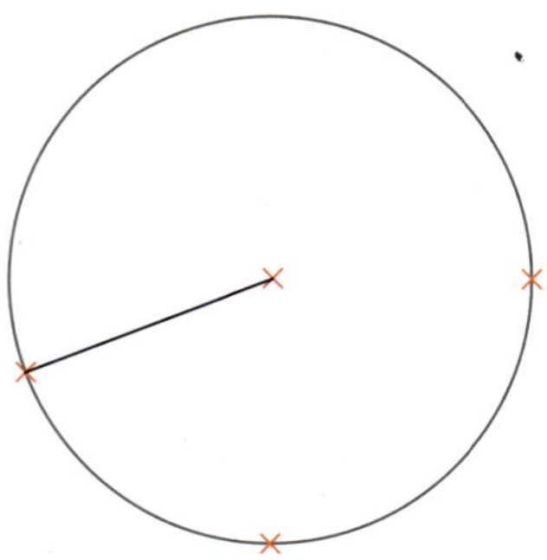

a) Zeichnet einen Kreis. Legt auf der Kreislinie mehrere Punkte fest.

b) Verbindet diese Punkte mit dem Mittelpunkt.

c) Messt die Abstände vom Mittelpunkt zu den Punkten. Was stellt ihr fest?

d) Schreibe einen Merksatz in dein Heft.

Bei einem Kreis sind alle Punkte …

Radius und Durchmesser

1

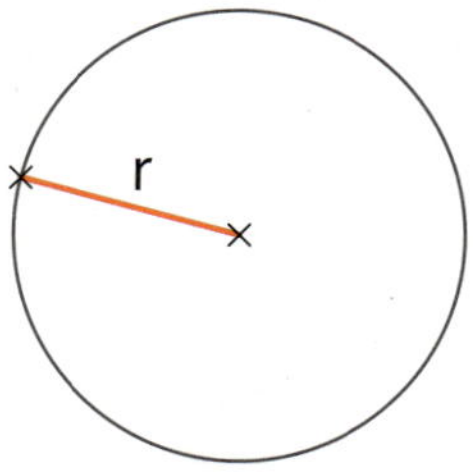

Der Abstand vom Mittelpunkt zu jedem Punkt auf der Kreislinie heißt Radius (r).

2 Zeichne Kreise.

a) r = 2 cm
b) r = 5 cm
c) r = 7 cm
d) r = 3,5 cm
e) r = 6 cm
f) r = 9 cm
g) r = 4,5 cm
h) r = 10 cm

3

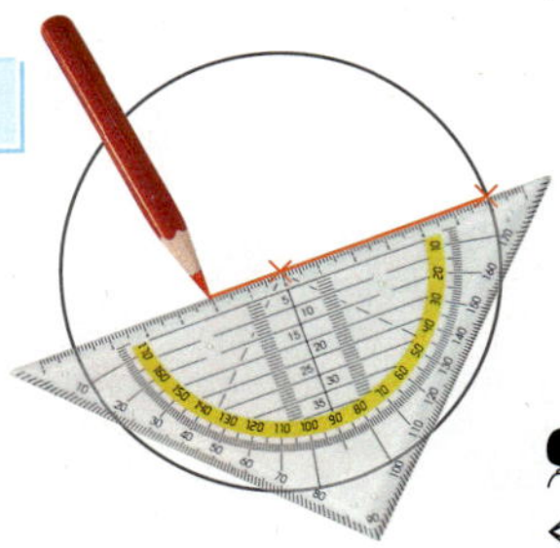

a) Lege einen Mittelpunkt fest. Zeichne einen Kreis mit dem Radius 6 cm. Bestimme einen Punkt auf dem Kreis. Zeichne von da eine Strecke, die durch den Mittelpunkt verläuft und wieder auf dem Kreis endet.

b) Vergleicht eure Zeichnungen. Messt die Strecken aus. Was fällt euch auf?

4

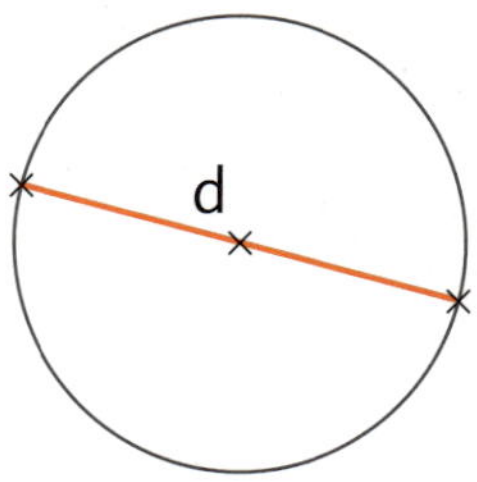

Eine Strecke von Kreislinie zu Kreislinie, die durch den Mittelpunkt verläuft, heißt Durchmesser (d).

5 Zeichne verschiedene Kreise. Dein Partner zeichnet die Durchmesser ein. Messt die Durchmesser aus.

6 Zeichne …

a) Kreise in Quadrate, 

b) Dreiecke um Kreise, 

c) Rechtecke in Kreise, 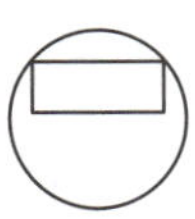

d) Dreiecke in Kreise. 

Kreise zeichnen

1 a) Zeichne drei Kreise mit dem Radius 3 cm, 5 cm und 7,5 cm.

b) Zeichne in jeden Kreis r und d ein.

c) Miss r und d und schreibe eine Tabelle in dein Heft.

d) Vergleicht eure Ergebnisse. Was fällt euch auf?

	Kreis 1	Kreis 2	Kreis 3
Radius (r)			
Durchmesser (d)			

2 Schreibe Merksätze in dein Heft.

Der Radius ist …

Der Durchmesser ist …

3 Berechne den Radius und zeichne den Kreis.

d = 8 cm
r = 4 cm

a) d = 8 cm b) d = 10 cm c) d = 12 cm

d) d = 9 cm e) d = 11 cm f) d = 5 cm

4 Zeichne Kreise.

a) r = 4,5 cm b) d = 7 cm c) d = 8 cm d) r = 8,5 cm e) d = 14 cm

f) d = 13 cm g) r = 5,5 cm h) r = 2,5 cm i) d = 18 cm k) r = 6,5 cm

5 Berechne den Radius in cm.

d = 6 4 mm
r = 3 2 mm
r = 3, 2 cm

a) d = 64 mm b) d = 128 mm c) d = 96 mm

d) d = 208 mm e) d = 76 mm f) d = 84 mm

g) d = 152 mm h) d = 312 mm i) d = 142 mm

6 a) Zeichne Kreise. Dein Partner bestimmt Durchmesser und Radius.

b) Notiert die Ergebnisse. Vergleicht sie.

7 Rosetten aus Transparentpapier herstellen

Zeichne auf Transparentpapier. Wähle unterschiedliche Farben wie im Bild.

a) Zeichne sieben Kreise mit r = 2 cm und einen Kreis mit r = 6 cm.

Schneide die Kreise aus.
Lege Rosetten.

b) Zeichne drei Kreise mit r = 3 cm, drei Kreise mit r = 4 cm und einen Kreis mit r = 10 cm.

Schneide die Kreise aus.
Lege Rosetten.

8 Kreise im Kreis legen

Zeichnet Kreise mit r = 3,5 cm. Legt sie mit €- und Cent-Münzen aus.

a) Nehmt gleiche Münzen.

b) Nehmt von jeder Münze nur eine.

c) Findet andere Möglichkeiten.

9 Kreise im Kreis zeichnen

★

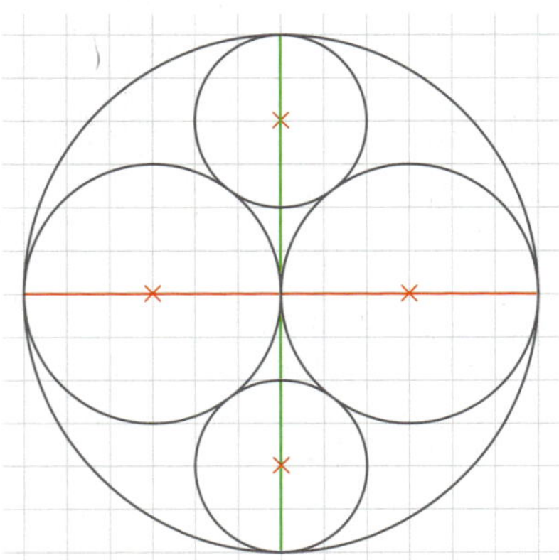

Zeichne einen Kreis mit r = 6 cm.

Zeichne in den Kreis zwei Durchmesser ein, die senkrecht zueinander stehen.

Zeichne auf einem Durchmesser zwei Kreise mit r = 3 cm ein.

Zeichne auf dem anderen Durchmesser zwei Kreise mit r = 2 cm ein. Hier musst du von der Kreislinie aus messen.

Kreisumfang

1

Zeichne Kreise in dein Heft. Spure ihre Umfänge rot nach.

2 Erzähle.

3 Wie groß ist der Umfang?

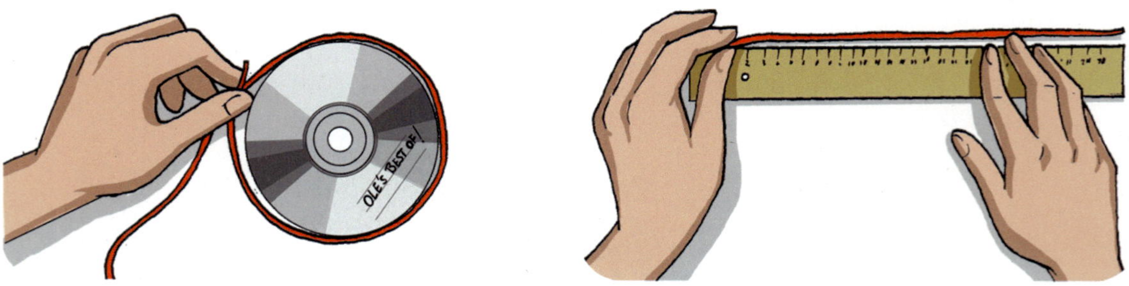

a) Suche runde Gegenstände. Bestimme ihren Umfang mit Bindfaden und Lineal.

Gegenstand	Umfang
CD	cm
Wasserflasche	cm
...	

b) Notiere deine Ergebnisse in einer Tabelle.

c) Vergleicht eure Ergebnisse. Was stellt ihr fest?

4 a) Umfang messen mit dem Maßband

b) Umfang messen durch Abrollen

c) Sucht drei Fahrräder mit unterschiedlich großen Reifen aus.
Messt die Reifen wie in a) und b). Notiert die Ergebnisse. Vergleicht.

5 Aus der Bedienungsanleitung des Fahrradcomputers:

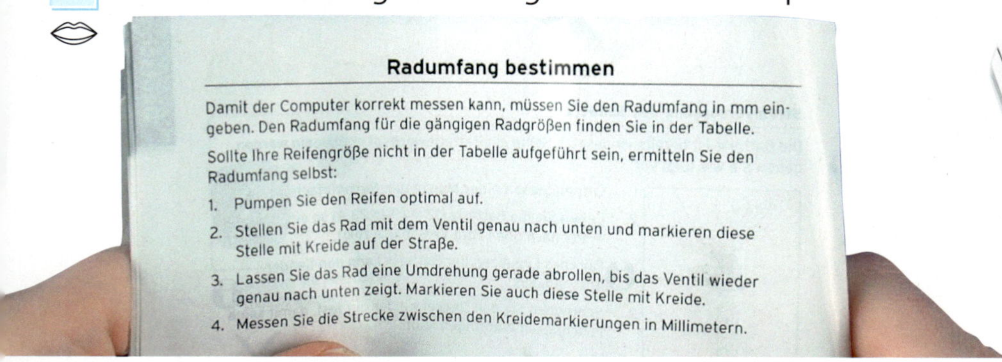

Radumfang bestimmen

Damit der Computer korrekt messen kann, müssen Sie den Radumfang in mm eingeben. Den Radumfang für die gängigen Radgrößen finden Sie in der Tabelle.

Sollte Ihre Reifengröße nicht in der Tabelle aufgeführt sein, ermitteln Sie den Radumfang selbst:

1. Pumpen Sie den Reifen optimal auf.
2. Stellen Sie das Rad mit dem Ventil genau nach unten und markieren diese Stelle mit Kreide auf der Straße.
3. Lassen Sie das Rad eine Umdrehung gerade abrollen, bis das Ventil wieder genau nach unten zeigt. Markieren Sie auch diese Stelle mit Kreide.
4. Messen Sie die Strecke zwischen den Kreidemarkierungen in Millimetern.

Mit Kreisen gestalten

1 Mobile

aus dem Französischen: mobile „beweglich, verstellbar, drehbar“

Zeichne mit dem Zirkel Kreise auf Pappe:
Immer zwei Kreise in verschiedenen Farben
mit einem Radius von 6,5 cm, 4 cm und 2,5 cm.

Schneide die Kreise aus.

Binde die Kreise von groß nach klein mit Nähgarn aneinander.

Befestige die Kreise an einem Holzstab.

Hänge das Mobile so auf,
dass der Holzstab waagerecht ist.

2 Zeichne Muster mit dem Zirkel.
Schau genau und zeichne Schritt für Schritt aus Kreisen und Halbkreisen.

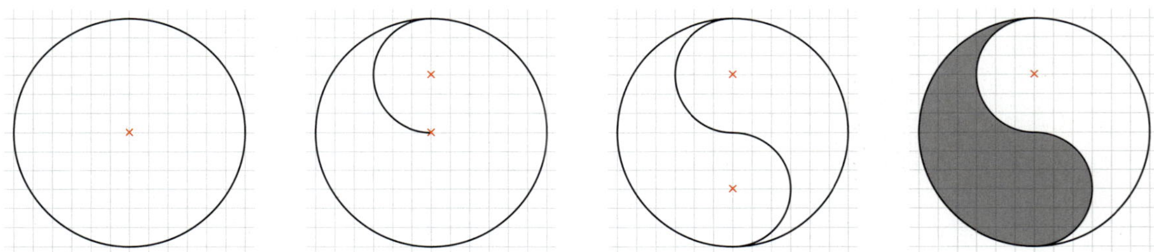

3 Zeichne Bilder mit dem Zirkel.

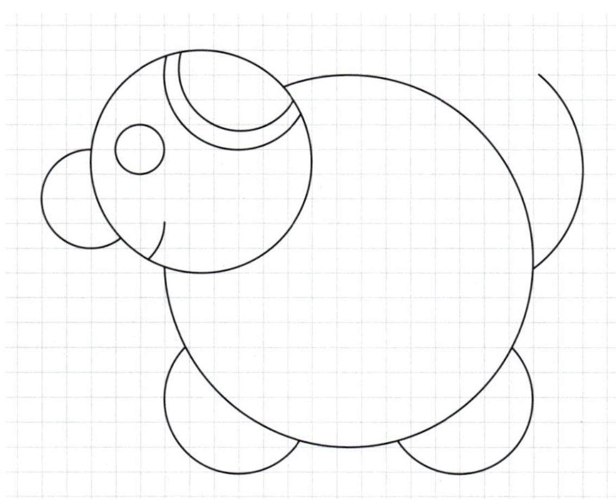

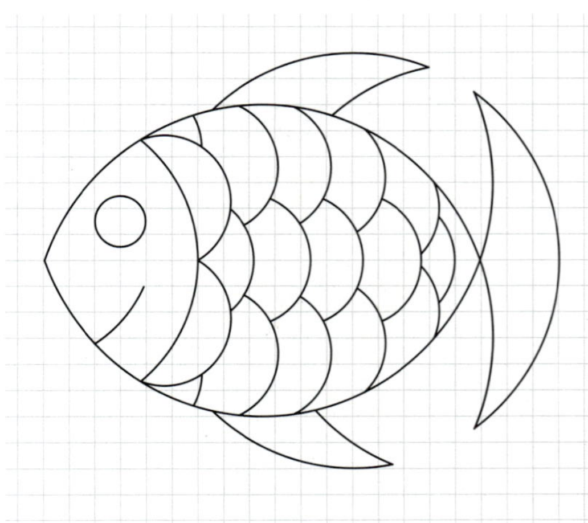

4 Kreise in der Kunst

Marianne Hähnsen, Garbsen:
Kreise in Bewegung

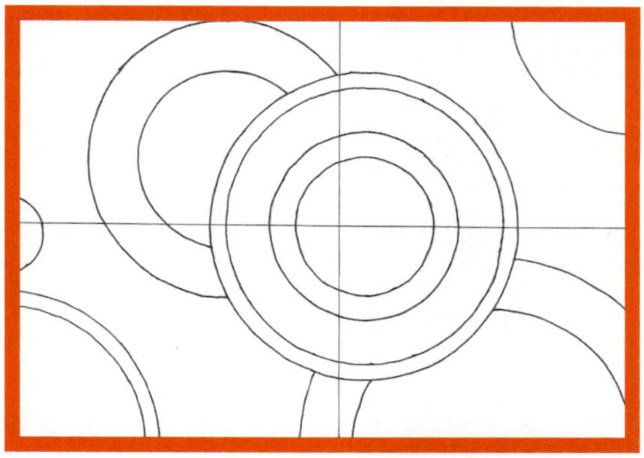

Zeichne mit dem Zirkel ein ähnliches Bild. Gestalte es farbig.

a) Gestalte Filzstiftkreise.

b) Gestalte Papierkreise.

c) Findet weitere Möglichkeiten.

5 Kreis-Fantasie

Zeichne mit dem Zirkel mehrere verschieden große Kreise auf Pappe.

Schneide sie sorgfältig aus.

Entwirf ein Fantasiegebilde aus Kreisen und Halbkreisen. Manche Kreise müssen eingeschnitten werden.

Arbeite mit Partnern zusammen. Dann habt ihr viele Möglichkeiten.

Wiederholung

1 Finde die passenden Aufgaben.

a) 

b) 

c) 

d) 

e) 

2 Rechne und vervollständige. Was fällt dir auf? Begründe.

a)	b)	c)	d)	e)
3 · 5	8 · 4	3 · 3	3 · 6	4 · 2
4 · 5	7 · 4	4 · 4	3 · 5	4 · 3
5 · 5	6 · 4	5 · 5	3 · 4	4 · 4
▢ · ▢	▢ · ▢	▢ · ▢	▢ · ▢	▢ · ▢

3 Erzähle.

4 Finde die Tauschaufgabe. Berechne die Aufgabe und die Tauschaufgabe.

a) 9 · 2 b) 3 · 8 c) 4 · 7 d) 5 · 4

e) 1 · 9 f) 6 · 2 g) 3 · 6 h) 5 · 9

a) 9 · 2 =
2 · 9 =

Was fällt dir auf? Begründe.

5 Welche Aufgabe würdest du rechnen? Warum? Begründe.

a) 9 · 2 oder 2 · 9? b) 8 · 5 oder 5 · 8? c) 4 · 7 oder 7 · 4?

d) 5 · 6 oder 6 · 5? e) 3 · 4 oder 4 · 3? f) 2 · 8 oder 8 · 2?

6 Finde die passenden Aufgaben.

a)
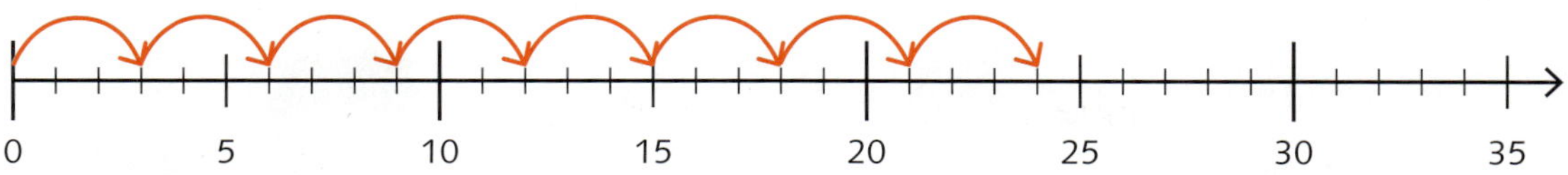

b)
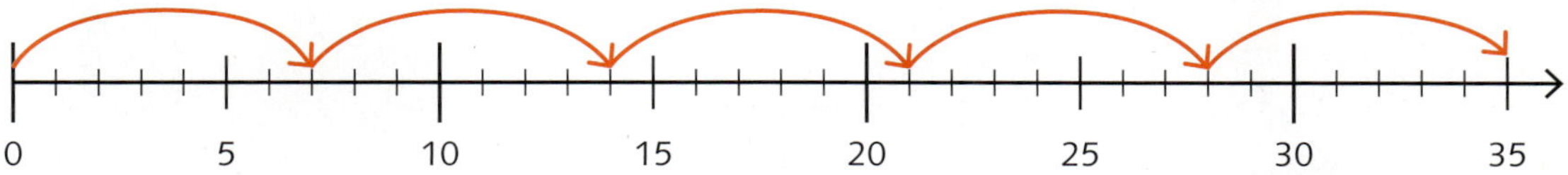

c)
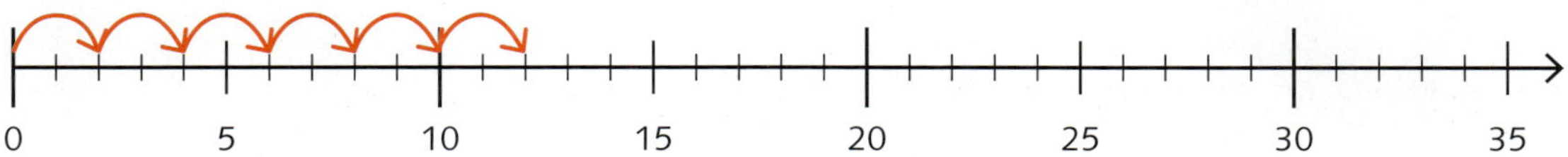

7 Erzähle.

8 Finde die ähnlichen Aufgaben. Berechne alle Aufgaben.

a) 3 · 5 b) 4 · 2 c) 4 · 7 d) 5 · 4

e) 4 · 6 f) 9 · 1 g) 0 · 5 h) 6 · 8

Was fällt dir auf? Begründe.

a)	3 · 5 =		
	3 · 50 =		
	3 · 500 =		

9 Rechne und vervollständige. Was fällt dir auf? Begründe.

a)	b)	c)	d)	e)	f)
4 · 3	4 · 1	1 · 7	3 · 5	6 · 0	17 · 0
4 · 2	3 · 1	1 · 8	2 · 5	5 · 0	0 · 17
4 · 1	2 · 1	1 · 9	1 · 5	4 · 0	34 · 0
▢ · ▢	▢ · ▢	▢ · ▢	▢ · ▢	▢ · ▢	▢ · ▢

Halbschriftliche Multiplikation

Murat

4	·	1	5	=		
4	·	1	0	=		
4	·		5	=		

Tim

4	·	1	5	=		
4	·	2	0	=		
4	·		5	=		

Paul

4	·	1	5	=		
2	·	3	0	=		

1 a) Wie möchten Murat, Tim und Paul rechnen?

b) Welcher Rechenweg gefällt dir am besten? Warum?

2 Rechne wie Murat. Schreibe in dein Heft.

a)	b)	c)	d)	e)
2 · 14 = ☐	3 · 42 = ☐	5 · 13 = ☐	4 · 21 = ☐	6 · 34 = ☐
2 · 10 = ☐	3 · 40 = ☐	5 · ☐ = ☐	4 · ☐ = ☐	☐ · ☐ = ☐
2 · 4 = ☐	3 · 2 = ☐	5 · ☐ = ☐	4 · ☐ = ☐	☐ · ☐ = ☐

3 Rechne wie Tim. Schreibe in dein Heft.

a)	b)	c)	d)	e)
4 · 29 = ☐	3 · 17 = ☐	5 · 39 = ☐	3 · 48 = ☐	4 · 39 = ☐
4 · 30 = ☐	3 · ☐ = ☐	5 · ☐ = ☐	3 · ☐ = ☐	☐ · ☐ = ☐
4 · 1 = ☐	3 · 3 = ☐	5 · ☐ = ☐	3 · ☐ = ☐	☐ · ☐ = ☐

4 Rechne wie Paul. Schreibe in dein Heft.

★

a)	b)	c)	d)	e)
4 · 15 = ☐	8 · 25 = ☐	6 · 35 = ☐	6 · 15 = ☐	8 · 35 = ☐
2 · 30 = ☐	4 · ☐ = ☐	3 · ☐ = ☐	3 · ☐ = ☐	☐ · ☐ = ☐

5 Erzähle.

6 Die Lehrerin und die 18 Kinder der Klasse 6a möchten ins Theater gehen.

a) Wie viel zahlen sie zusammen?

b) Wie hast du gerechnet? Wie Murat, wie Tim, wie Paul oder ganz anders?

7 Im Kino „CineMini" gibt es 55 Plätze.

a) Wie viel Geld nimmt der Kinobesitzer ein, wenn das Kino voll besetzt ist?

b) Wie hast du gerechnet? Wie Murat, wie Tim, wie Paul oder ganz anders?

8 Im Haus der Familie Özdemir ist der Strom ausgefallen. Sie rufen einen Elektriker. Die Reparatur dauert 8 Stunden. Der Stundenlohn beträgt 41 €.

a) Wie viel Geld muss Familie Özdemir für den Elektriker bezahlen?

b) Wie hast du gerechnet? Wie Murat, wie Tim, wie Paul oder ganz anders?

Bündeln

Was ist das denn für eine Zahl?
Sechstausend-sechsundzwanzig-hundert-vierzig-dreizehn?

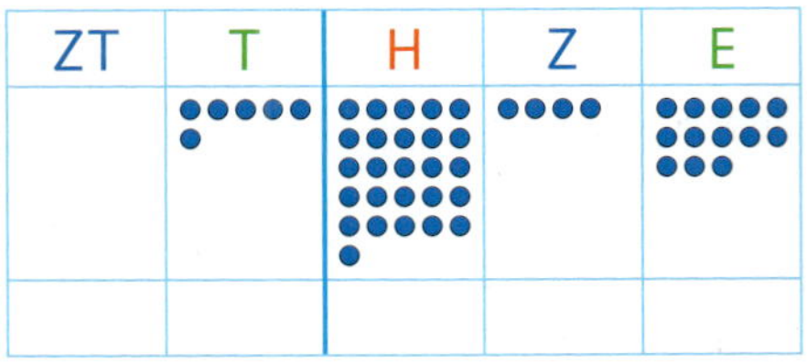

Hier muss gebündelt werden.
Ich fange bei den **Einern** an.

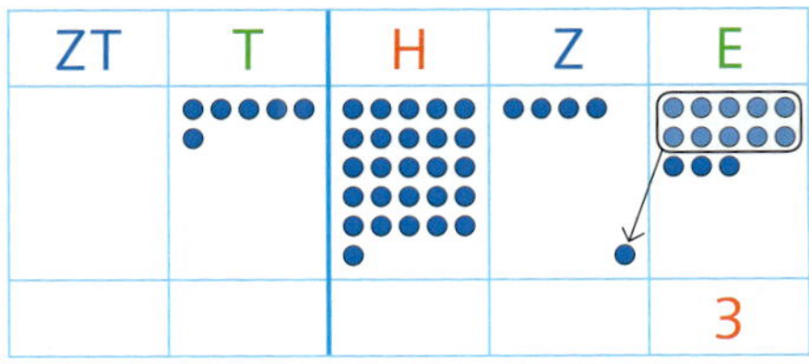

Ich betrachte die **Einer**.
Es sind 13 **E**.
Ich muss bündeln.
Ich schreibe 3 **E**.
Ich übertrage 1 **Z**.

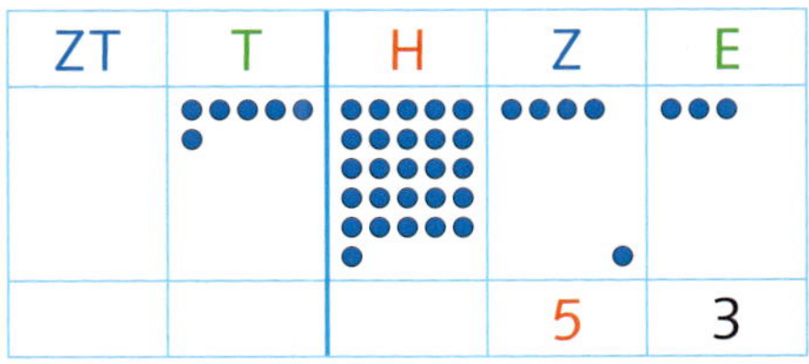

Jetzt betrachte ich die **Zehner**.
4 **Z** plus 1 **Z** gleich 5 **Z**.
Ich muss nicht bündeln.
Ich schreibe 5 **Z**.

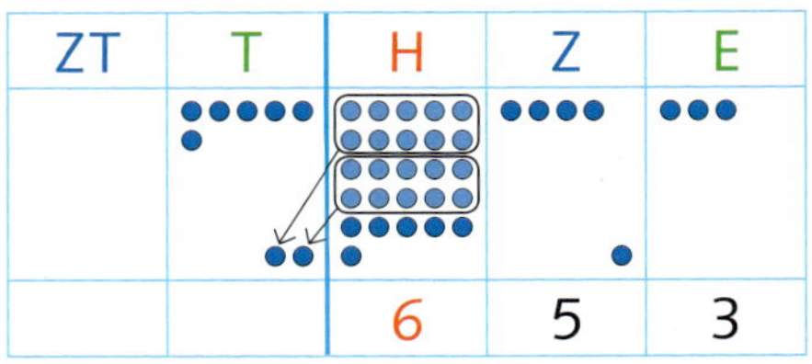

Jetzt betrachte ich die **Hunderter**.
Es sind 26 **H**.
Ich muss bündeln.
Ich schreibe 6 **H**.
Ich übertrage 2 **T**.

Tipp: Ich bündele immer, wenn mehr als 9 E, Z, H oder T da sind!

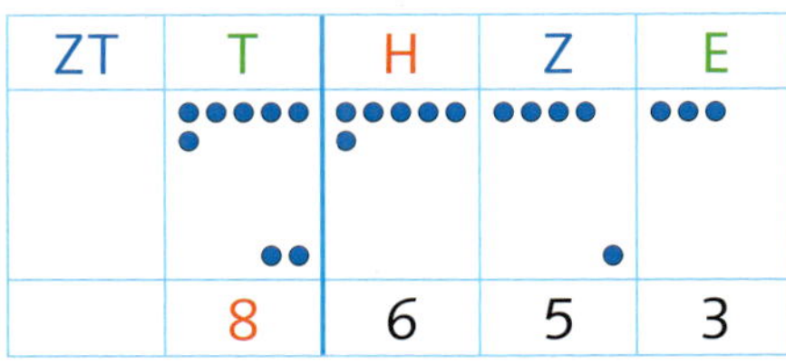

Jetzt betrachte ich die **Tausender**.
6 **T** plus 2 **T** gleich 8 **T**.
Ich muss nicht bündeln.
Ich schreibe 8 **T**.

1 a) Übertrage die Stellenwerttafeln ins Heft. Bündele. Wie heißen die Zahlen?

1 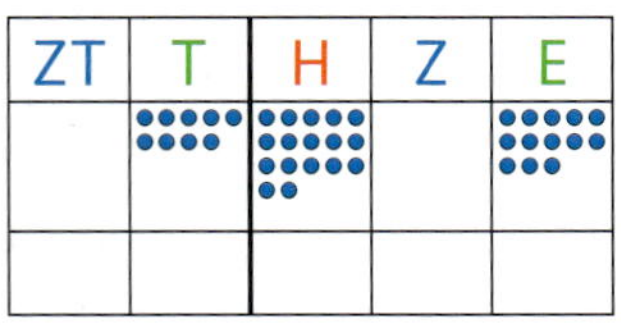

2 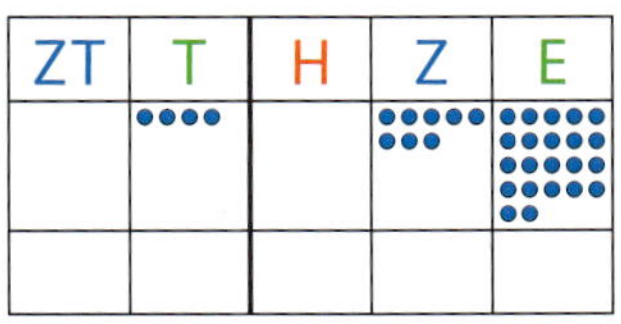

3 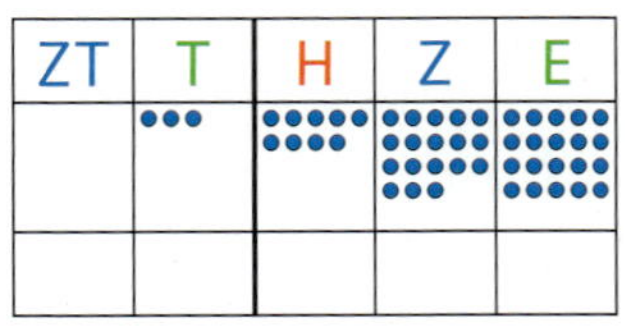

b) An welchen Stellen muss man besonders gut aufpassen?

2 Erfinde für deinen Partner 5 Aufgaben zum Bündeln. Zeichne Stellenwerttafeln. Zeichne Punkte so ein, dass dein Partner bündeln muss. Wenn ihr fertig seid, tauscht die Aufgaben.
Schafft ihr es, richtig zu bündeln? Wie heißen die Zahlen?

Auf dem Weg zur schriftlichen Multiplikation

1

Familie Kowalski möchte nach Spanien in den Urlaub fliegen.
Im Reisebüro bekommt sie ein Angebot: 412 € pro Person.

Rechenkonferenz

Lena

4	·	4	1	2	=		
4	·	4	0	0	=		
4	·		1	0	=		
4	·			2	=		

Lisa

	4	1	2
+	4	1	2
+	4	1	2
+	4	1	2

Mama

4	1	2	·	4

a) Wie würdet ihr rechnen?
Schreibt euren Rechenweg in eure Hefte.

Wir rechnen das so:

b) Vergleicht eure Rechenwege. Wie haben die anderen gerechnet?

2 Probiere verschiedene Rechenwege aus.

4 · 211   413 · 2   113 · 3   2 · 312   121 · 4   111 · 7   101 · 8   4 · 120

Schriftliche Multiplikation

1 Die 213 Kinder der Fröbelschule zahlen je 4 €
für einen Ausflug. Wie viel Geld wird eingesammelt?

Die Aufgabe heißt:
213 **mal** 4

Zuerst multipliziere ich die **Einer**:
4 **mal** 3 **E gleich** 12 **E**
Ich schreibe 2 **E** und übertrage 1 **Z**.

Fatima schreibt:

		T	H	Z	E		
			2	1	3	·	4
				T	H	Z	E
1Z							2

Dann multipliziere ich die **Zehner**:
4 **mal** 1 **Z gleich** 4 **Z**
4 **Z plus** 1 **Z gleich** 5 **Z**
Ich streiche 1 **Z** und schreibe 5 **Z**.

		T	H	Z	E		
			2	1	3	·	4
				T	H	Z	E
~~1Z~~						5	2

Dann multipliziere ich die **Hunderter**:
4 **mal** 2 **H gleich** 8 **H**
Ich schreibe 8 **H**.

		T	H	Z	E		
			2	1	3	·	4
				T	H	Z	E
~~1Z~~					8	5	2

Das Ergebnis ist 852.
Es werden 852 € eingesammelt.

a) Legt die Aufgabe gemeinsam in der Stellenwerttafel nach.

b) Schreibt die Multiplikationsaufgabe und die Additionsaufgabe Schritt für Schritt nebeneinander auf. Was fällt euch auf?

Suche dir aus, wie du rechnest.

2 Mit der „Seemöve" kann man eine Fahrt durch den Hamburger Hafen machen. Die Rundfahrt kostet 6 € pro Person. Es fahren insgesamt 312 Passagiere mit dem Boot.

3 Familie Groß fährt am Wochenende in einen Freizeitpark. Sie bezahlt 113 € pro Person.

Das Legen in der Stellenwerttafel ist für das Verständnis besonders wichtig.

Fatima legt:

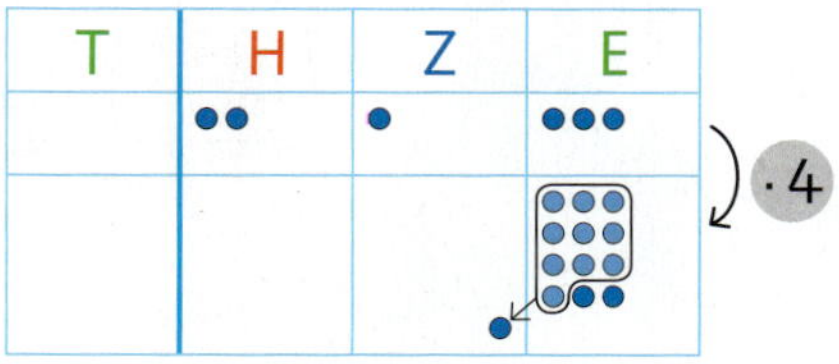

T	H	Z	E
	2	1	3
+	2	1	3
+	2	1	3
+	2	1	3
		1	
			2

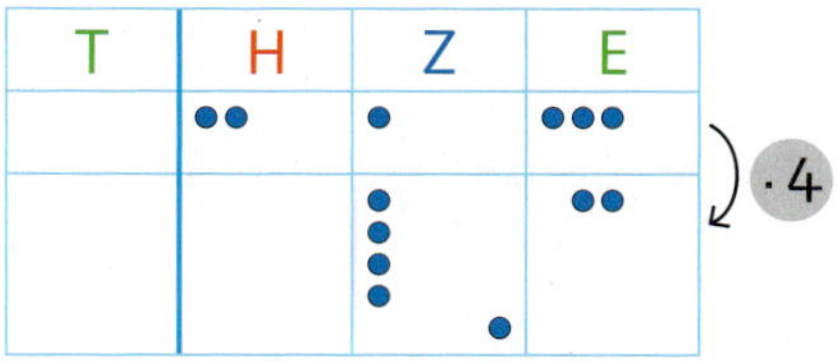

T	H	Z	E
	2	1	3
+	2	1	3
+	2	1	3
+	2	1	3
		1	
		5	2

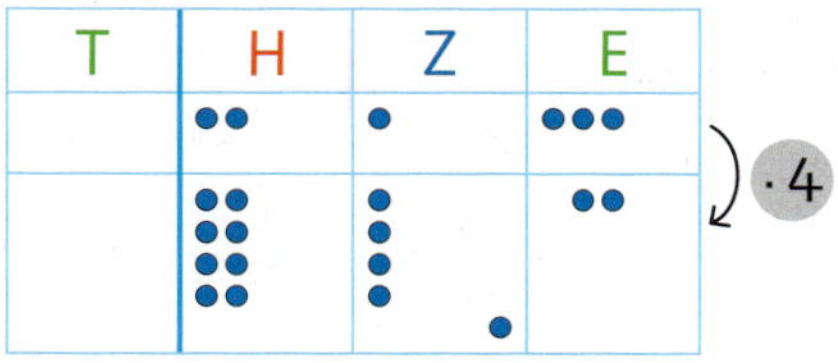

T	H	Z	E
	2	1	3
+	2	1	3
+	2	1	3
+	2	1	3
		1	
	8	5	2

Rechne wie Fatima.
Nutze die Stellenwerttafel.

4 Eine Wandertour für Familie Göcke kostet 214 € pro Tag. Sie möchte 5 Tage lang durch den Harz wandern.

5 Im Tierheim „Sonnenschein“ leben 316 Tiere. Dort arbeiten 13 Personen. Jedes Tier braucht am Tag Futter im Wert von 3 €.

6 Familie Peters braucht 4 Pakete Fliesen für ihr neues Badezimmer. Pro Paket zahlt sie 92 €.

Überschlagen und rechnen – Einkäufe für das Schulfest

1 Erzähle.

2 Die Kinder kaufen 22 Kästen Wasser. In jedem Kasten sind sechs Flaschen.

Überschlag:

2 2 ≈ 2 0

2 0 · 6 Flaschen = 1 2 0 Flaschen

Das sind insgesamt ungefähr 120 Flaschen.

Tipp: Bei 1, 2, 3, 4 runde ich ab!

3 Die Kinder brauchen 78 Packungen Orangensaft.
Jede Packung kostet 2 €.

Überschlag:

7 8 ≈ 8 0

8 0 · 2 € = 1 6 0 €

Sie müssen insgesamt ungefähr 160 € zahlen.

Tipp: Bei 5, 6, 7, 8, 9 runde ich auf!

4 

Die Hausmeisterin kauft zwei Rollen Wertmarken. Auf jeder Rolle sind 148 Wertmarken.
Runde und rechne den Überschlag.

Überschlag:

1 4 8 ≈ …

…

5 Zum Schulfest kommen 121 Kinder.
Jedes Kind muss 2 € Eintritt bezahlen.
Wie viel Geld zahlen alle zusammen?
Runde und rechne den Überschlag.

Überschlag:

1 2 1 ≈ …

…

6 

Es werden 17 Kästen Traubensaft gekauft.
Wie viele Flaschen sind das?
Runde und rechne den Überschlag.

Überschlag:

… ≈ …

…

Überschlagen und rechnen – Im Möbelhaus

1

Aufgabe:	18 € · 4
Überschlag:	18 ≈ 20
	20 € · 4 = 80 €
Rechnung:	T H Z E 18 · 4 T H Z E 72
32	
Ergebnis:	18 € · 4 = 72 €

2 Runde und rechne den Überschlag. Rechne dann genau.
Nutze die Stellenwerttafel.

a)

b)

3 Rechne zuerst den Überschlag und dann genau. Was fällt dir auf?

a)	b)	c)	d)	e)
26 · 4	42 · 3	23 · 5	37 · 4	69 · 2
32 · 4	39 · 3	18 · 5	40 · 4	71 · 2

4 Es sind immer nur zwei Lösungen richtig. Findest du sie?
Prüfe durch Überschlagen oder durch Rechnen.

a)	b)	c)	d)
18 · 3 = 134	21 · 6 = 126	39 · 4 = 836	41 · 5 = 25
19 · 3 = 57	22 · 3 = 66	40 · 2 = 80	29 · 7 = 203
20 · 4 = 80	30 · 9 = 900	31 · 5 = 155	51 · 6 = 306

Multiplikation mit Zehnerzahlen

1

Erzähle. Was fällt dir auf?

2 Anna erklärt Ina, wie sie gerechnet hat.

Zuerst multipliziere ich die **Einer**:
4 **Z mal** 3 **E gleich** 12 **Z**
Ich schreibe 0 **E**, 2 **Z**
und übertrage 1 **H**.

	T	H	Z	E		Z	E
		2	1	3	·	4	0
				T	H	Z	E
1						2	0

Dann multipliziere ich die **Zehner**:
4 **mal** 1 **gleich** 4
4 **plus** 1 **gleich** 5
Ich streiche 1 und schreibe 5.

	T	H	Z	E		Z	E
		2	1	3	·	4	0
				T	H	Z	E
~~1~~					5	2	0

Dann multipliziere ich die **Hunderter**:
4 **mal** 2 **gleich** 8
Ich schreibe 8.

	T	H	Z	E		Z	E
		2	1	3	·	4	0
				T	H	Z	E
~~1~~				8	5	2	0

Kannst du rechnen wie Anna? Rechne die Aufgabe und die ähnliche Aufgabe.

a) 73 · 3
73 · 30

b) 412 · 4
412 · 40

c) 621 · 5
621 · 50

T	H	Z	E		
		7	3	·	3
		T	H	Z	E

T	H	Z	E		Z	E
		7	3	·	3	0
			T	H	Z	E

Es muss nicht immer schriftlich sein

1

Lena

4	·	6	2	0	=	
4	·	6	0	0	=	
4	·		2	0	=	

Mama

6	2	0	·	4

a) Erzähle. b) Wie würdest du rechnen? Warum?

c) Welche Ähnlichkeiten findest du? Erzähle.

2 Suche drei Aufgaben heraus, die du im Kopf rechnen würdest. Begründe. Rechne.

4 · 200 437 · 6 214 · 1 4 · 37 936 · 4 50 · 2 101 · 8 3 · 100

3 Suche drei Aufgaben heraus, die du halbschriftlich rechnen würdest. Begründe. Rechne.

4 · 120 4 · 396 3 · 220 768 · 4 45 · 89 5 · 201 5 · 389 5 · 51

4 Welche Aufgaben würdest du schriftlich, welche halbschriftlich und welche im Kopf rechnen?

2 · 25 3 · 614 10 · 6 6 · 10 30 · 5 3 · 204 15 · 4 4 · 220

92 · 4 50 · 2 2 · 200 4 · 50 2 · 20 315 · 3 3 · 30

a) Ordne zu. Begründe. b) Rechne.

Multiplikation mit zweistelligen Zahlen

1

a) Erzähle.

b) Kannst du rechnen wie Paul? Probiere es aus.

2 Finde die Zehner- und die Einer-Aufgabe.
Schreibe die beiden Aufgaben wie Paul auf und rechne.

a)

T	H	Z	E		Z	E
	2	3	0	·	1	2
			T	H	Z	E

b)

T	H	Z	E		Z	E
	2	0	1	·	2	3
			T	H	Z	E

c)

T	H	Z	E		Z	E
	1	3	2	·	2	0
			T	H	Z	E

3 Dennis rechnet und findet etwas heraus. So rechnet Dennis:

1

	T	H	Z	E		Z	E
		1	5	2	·	3	2
				T	H	Z	E
1				4	5	6	0

Ich rechne zuerst die Zehner-Aufgabe.

2

	T	H	Z	E		Z	E
		1	5	2	·	3	2
				T	H	Z	E
1				4	5	6	0
1					3	0	4

Dann rechne ich die Einer-Aufgabe. Ich schreibe sie unter die Zehner-Aufgabe.

3

	T	H	Z	E		Z	E
		1	5	2	·	3	2
				T	H	Z	E
1				4	5	6	0
1					3	0	4
				4	8	6	4

Dann rechne ich beides zusammen.

4 Vervollständige die Aufgabe um die Einer-Aufgabe und addiere. Schreibe in dein Heft.

a)

T	H	Z	E		Z	E
	3	2	1	·	1	2
			T	H	Z	E
			3	2	1	0

b)

T	H	Z	E		Z	E
	4	3	1	·	2	3
			T	H	Z	E
			8	6	2	0

c)

T	H	Z	E		Z	E
	2	5	4	·	2	1
			T	H	Z	E
~~1~~			5	0	8	0

5 Vervollständige die Aufgabe um die Zehner-Aufgabe und addiere. Schreibe in dein Heft.

a)

T	H	Z	E		Z	E
	2	0	3	·	4	2
			T	H	Z	E
				4	0	6

b)

T	H	Z	E		Z	E
	2	3	4	·	2	1
			T	H	Z	E
				2	3	4

c)

T	H	Z	E		Z	E
	1	2	5	·	1	3
			T	H	Z	E
				3	7	5

6 Übertrage die Aufgaben in dein Heft und rechne wie Dennis. Berechne zuerst die Zehner-Aufgabe und die Einer-Aufgabe und addiere dann.

a)

T	H	Z	E		Z	E
	1	0	8	·	1	3
			T	H	Z	E

b)

T	H	Z	E		Z	E
	1	2	4	·	2	4
			T	H	Z	E

c)

T	H	Z	E		Z	E
	3	1	5	·	3	2
			T	H	Z	E

d)

T	H	Z	E		Z	E
	2	4	0	·	2	0
			T	H	Z	E

e)

T	H	Z	E		Z	E
	1	2	4	·	1	1
			T	H	Z	E

f)

T	H	Z	E		Z	E
	4	2	3	·	2	4
			T	H	Z	E

7 Rechne die Aufgaben schriftlich in deinem Heft. Was fällt dir auf? Begründe.

a) 13 · 3
13 · 20
13 · 23

b) 16 · 4
16 · 10
16 · 14

c) 24 · 1
24 · 30
24 · 31

d) 42 · 5
42 · 30
42 · 35

e) 25 · 2
25 · 30
25 · 32

f) Schreibe eine Beispielaufgabe in dein Heft und schreibe einen Merksatz dazu.

Überschlagen

1

a) Erzähle.

b) Welcher Überschlag ist am genauesten?
Prüfe, indem du die Aufgabe und die Überschläge berechnest.

c) Stellt eine Regel für den Überschlag auf.

2 Runde und rechne den Überschlag. Rechne dann genau.

a) Ole hat am 1. Mai Geburtstag. In seinem neuen Buch liest er 18 Seiten am Tag. Wie viele Seiten sind das im Mai?

Aufgabe: 18 · 31

Überschlag: Bei 18 runde ich auf, bei 31 runde ich ab.

18 ≈ 20   31 ≈ 30

20 · 30 = 600

Rechnung:

	T	H	Z	E		Z	E
			1	8	·	3	1
				T	H	Z	E
2					5	4	0
						1	8
					5	5	8

Ergebnis: 18 · 31 = 558

558 ≈ 600 Die Rechnung stimmt.

b) In die Klasse 6 b der Pestalozzischule gehen 17 Kinder. Jedes Kind muss 23 € für den Klassenausflug zahlen. Wie viel Geld wird benötigt?

c) Anna bekommt jeden Monat 12 € Taschengeld.
Wie viel Taschengeld bekommt sie in 2 Jahren?

d) Die Kinder der Einsteinschule machen einen Schulausflug. Sie benötigen 19 Gruppentickets für je 11 €. Wie viel kosten die Tickets insgesamt?

3 Im Möbelhaus Supermöbel stehen sieben Betten, acht Tische, 26 Stühle und sechs Kleiderschränke in der Möbelausstellung. Im Schlussverkauf kostet jeder Stuhl 23 € und jeder Tisch 190 €.
Wie viel nimmt der Besitzer des Möbelhauses ein, wenn er alle Stühle verkauft?
Rechne zuerst den Überschlag und dann genau.

4 Frau Schmidt spart in diesem Jahr jeden Monat 38 € für einen neuen Computer. Wie viel hat sie am Ende des Jahres zusammen?
Rechne zuerst den Überschlag und dann genau.

5 In der C-Jugend des Tischtennisvereins Ping Pong sind 17 Kinder.
Jedes Kind hat 32 Spiele in der letzen Saison gespielt.
Wie viele Spiele waren das insgesamt?
Rechne zuerst den Überschlag und dann genau.

6 Dennis und seine drei Freunde kaufen riesige Fruchtgummis.
Jedes kostet 52 Cent. Zusammen kaufen sie 26 Stück.
Sie haben 15 € dabei. Reicht das Geld?

7 Welche Überschläge passen zu den Aufgaben? Ordne zu.

A	22 · 68	B	19 · 42	1	40 · 50 = 2 000	2	40 · 30 = 1 200
C	43 · 25	D	17 · 82	3	20 · 70 = 1 400	4	20 · 80 = 1 600
E	38 · 54	F	26 · 34	5	20 · 40 = 800	6	30 · 30 = 900

8 Rechne zuerst den Überschlag und dann genau.

a)	b)	c)	d)
11 · 17	30 · 15	22 · 16	21 · 38
12 · 26	25 · 22	37 · 12	12 · 20
51 · 16	18 · 11	46 · 21	17 · 22

9 ★ Finde jeweils die beiden falschen Aufgaben.
Prüfe durch Überschlagen oder Rechnen.

a)	b)	c)	d)
18 · 21 = 6 208	21 · 52 = 352	39 · 21 = 1 619	56 · 62 = 342
28 · 34 = 952	38 · 42 = 2 256	56 · 33 = 1 848	62 · 18 = 1 516
46 · 32 = 2 532	32 · 29 = 928	26 · 31 = 8 060	41 · 29 = 1 189

Meter und Zentimeter

1 Passen beide Möbelstücke in das Zimmer der Mädchen?

1 m = 100 cm

2 a) Schreibe in cm: 5 m 9 m 6 m 10 m 15 m 32 m 87 m

b) Schreibe in m: 600 cm 800 cm 300 cm 1 400 cm 1 700 cm 2 500 cm

3 a) Schreibe in cm: 2 m 81 cm 6 m 37 cm 9 m 54 cm 12 m 60 cm 27 m 18 cm

b) Schreibe in m und cm: 519 cm 372 cm 586 cm 1 734 cm 2 957 cm

4 Schreibe die Längen in eine Stellenwerttafel und rechne in m um.

m	cm		
9	3	0	9 3 0 cm = 9,3 0 m

a) 930 cm, 903 cm, 603 cm
b) 1 670 cm, 1 067 cm, 1 607 cm
c) 238 cm, ★ 2 380 cm, 2 308 cm

5 Schreibe die Längen in eine Stellenwerttafel und rechne in cm um.

a) 2,91 m, 2,90 m, 2,09 m
b) 14,33 m, 14,30 m, 14,03 m
c) 61,80 m, ★ 1,80 m, 61,08 m

m	cm		
2	9	1	2,9 1 m = 2 9 1 cm

6 Schreibe in cm. Vergleiche. >, < oder =?

a) 573 cm ◯ 5,73 m
9,81 m ◯ 819 cm
246 cm ◯ 2,46 m

b) 61,84 m ◯ 6 814 cm
4 355 cm ◯ 43,57 m
2 871 cm ◯ 27,81 m

c) 71,52 m ◯ 7 152 cm
816 cm ◯ 81,59 m
92,37 m ◯ 9 247 cm

7 Schreibe in cm. Ordne. Beginne mit der kürzesten Strecke.

a) 71,3 m 731 cm 1 703 cm

b) 84,70 m 87,04 m 874 cm

Die Kinder sollten die Größen vor und nach dem Umrechnen aussprechen.

8 Erzähle.

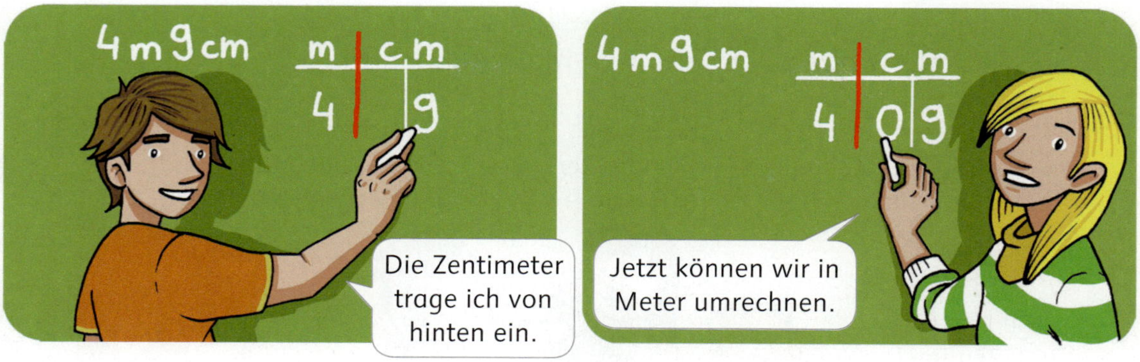

9 Schreibe in eine Stellenwerttafel und ergänze die Null wie im Beispiel.

2 m 7 cm

m	cm
2	0 7

a)	b)	c)
2 m 7 cm	5 m 3 cm	8 m 9 cm
6 m 1 cm	2 m 8 cm	4 m 7 cm
4 m 8 cm	9 m 7 cm	3 m 1 cm
1 m 6 cm	3 m 1 cm	7 m 4 cm
7 m 3 cm	8 m 4 cm	1 m 5 cm

10 Schreibe in eine Stellenwerttafel und rechne in m um.

m	cm
7	0 6

7 m 6 cm = 7,06 m

a)	b)	c)
7 m 6 cm	5 m 4 cm	4 m 3 cm
1 m 9 cm	2 m 7 cm	6 m 4 cm
3 m 5 cm	6 m 2 cm	5 m 9 cm
8 m 2 cm	9 m 8 cm	7 m 2 cm
4 m 1 cm	7 m 5 cm	8 m 8 cm

11 Schreibe in eine Stellenwerttafel und rechne in m und cm um.

a)	b)	c)
6,08 m	3,07 m	7,09 m
5,02 m	8,02 m	6,05 m
9,04 m	4,06 m	1,03 m

m	cm
6	0 8

6,08 m = 6 m 8 cm

12 ★ Übertrage ins Heft. Ergänze die Null. Rechne in cm um.

m	cm
9	2 0

9 2 0 cm

a)

m	cm
9	2
7	3
4	1
2	5
8	1

b)

m	cm
6	8
5	9
1	7
4	2
3	3

c)

m	cm
4	5
7	6
3	9
8	8
9	1

Die Kinder sollten die Größen vor und nach dem Umrechnen aussprechen.

Zentimeter und Millimeter

1 Kannst du die Längen der Leisten in mm angeben?

1 cm = 10 mm

2 Schreibe die Längen in eine Stellenwerttafel und rechne in cm um.

a) 26 mm
59 mm
47 mm

b) 435 mm
619 mm
274 mm

c) 197 mm
342 mm
78 mm

cm	mm		
2	6	2 6 mm	= 2, 6 cm

3 Schreibe die Längen in die Stellenwerttafel und rechne in mm um.

cm	mm		
3	1	3, 1 cm	= 3 1 mm

a) 3,1 cm
5,2 cm
9,3 cm

b) 29,7 cm
47,3 cm
61,4 cm

c) 14,6 cm
92,4 cm
73,8 cm

4 Wie lang sind die Strecken? Gib in drei verschiedenen Schreibweisen an.

a) 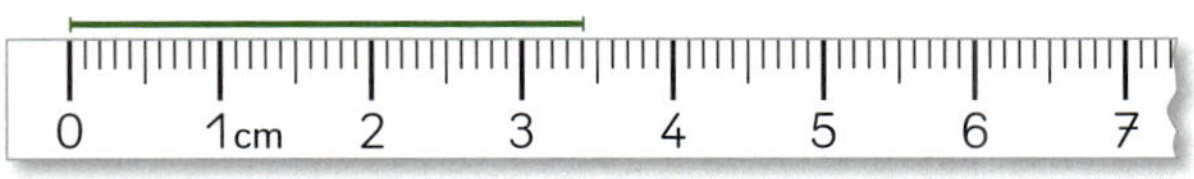

b)

c)

	mm	cm und mm	cm
a)	3 4 mm	3 cm 4 mm	3, 4 cm
b)	…	…	…

5 Schreibe in mm. Ordne. Beginne mit der längsten Strecke.

★ a) 59,4 cm 59 mm 549 mm b) 18,7 cm 781 mm 87,1 cm

6 Zeichne die Strecken in dein Heft.

★ a) 5,4 cm b) 91 mm c) 7,8 cm d) 3,9 cm e) 67 mm f) 82 mm

Die Kinder sollten die Größen vor und nach dem Umrechnen aussprechen.

Addition und Subtraktion von Längen

1 Rechne zuerst den Überschlag. Rechne dann genau.
Kontrolliere mit dem Taschenrechner.

a) 2,57 m + 9,48 m
4,13 m + 5,77 m
6,82 m − 1,04 m
8,83 m − 2,90 m
3,26 m + 4,65 m

b) 18,31 m + 54,26 m
73,29 m − 11,60 m
45,48 m + 37,13 m
60,94 m − 22,92 m
14,05 m + 83,55 m

3 m + 9 m = 12 m

	m	cm
	2	5 7
+	9	4 8

2 Schreibe zuerst in mm und rechne dann.

a) 63,8 cm + 344 mm
96,2 cm − 850 mm
37,4 cm + 375 mm
72,1 cm − 106 mm
44,5 cm + 628 mm

b) 53,7 cm − 243 mm
89,2 cm − 645 mm
33,1 cm + 198 mm
64,6 cm + 170 mm
90,5 cm − 441 mm

112 mm 247 mm 294 mm 464 mm 529 mm 564 mm 615 mm 749 mm 816 mm 982 mm 1 073 mm

3 Ömer möchte einen Bilderrahmen bauen. Vom Lehrer bekommt er eine Leiste, die 18,3 cm lang ist. Für seinen Bilderrahmen sägt er davon eine Leiste von 15,6 cm ab. Wie lang ist das Abfallstück?

4

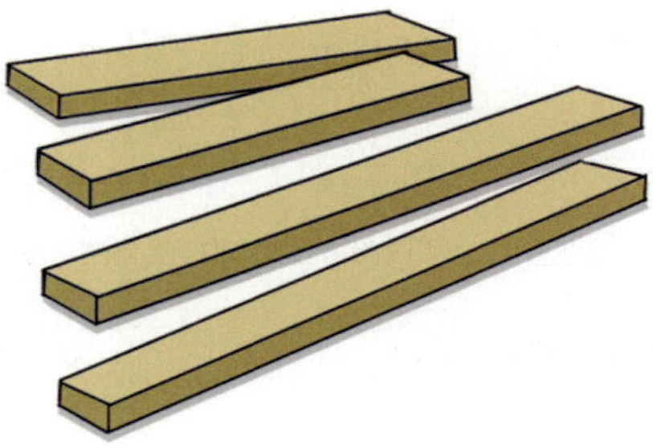

a) Ömer braucht aber zwei Leisten, die je 15,6 cm lang sind. Wie lang sind beide Leisten zusammen?

b) Außerdem braucht er noch zwei Leisten, die je 11,4 cm lang sind.

c) Wie lang sind alle vier Leisten zusammen?

5 Tim bekommt vom Lehrer vier Leisten, die je 21,9 cm lang sind. Er soll jede Leiste auf eine Länge von 17,3 cm zusägen. Weil er sich vermessen hat, muss er noch feilen. Wie lang ist die Feile?

Kilometer und Meter

1 Erzähle.

1 km = 1 000 m

2 Weißt du es noch?

a) Wie lange brauchst du, um einen Kilometer zu laufen?

b) Welche Strecken in deiner Umgebung sind etwa einen Kilometer lang?

3 a) Schreibe in m: 4 km 2 km 9 km 7 km 10 km

b) Schreibe in km: 8 000 m 3 000 m 6 000 m 10 000 m 5 000 m

4 Schreibe die Längen in eine Stellenwerttafel und rechne in km um.

km	m		
8	3	5	6

8 km 3 5 6 m = 8,3 5 6 km

a) 8 km 356 m
2 km 914 m
7 km 565 m

b) 4 km 127 m
3 km 682 m
1 km 133 m

5 Du kannst Längen in eine Stellenwerttafel eintragen.
Das hilft dir beim Umrechnen von km in m und umgekehrt.

	km		m		
5 914 m		5	9	1	4
8 370 m		8	3	7	0
9 206 m					
4 081 m					
3 009 m					

5 914 m = 5,914 km
8 370 m = 8,370 km

Übertrage ins Heft und ergänze.

Der rote Strich trennt km und m. Wenn du die Länge in km schreibst, muss dort ein Komma gesetzt werden.

6 Schreibe die Längen in eine Stellenwerttafel und rechne in km um.

a) 3 700 m
3 070 m
3 007 m

b) 2 500 m
2 050 m
2 005 m

c) 4 900 m
4 090 m
4 009 m

km	m		
3	7	0	0

3 7 0 0 m = 3,7 0 0 km

Die Kinder sollten die Größen vor und nach dem Umrechnen aussprechen.

7 Schreibe die Längen in eine Stellenwerttafel und rechne in m um.

km	m		
3	2	0	0

3,200 km = 3200 m

a) 3,200 km
3,020 km
3,002 km

b) 4,900 km
4,090 km
4,009 km

c) 5,800 km
5,080 km
5,008 km

8 Schreibe in m. Ordne. Beginne mit der längsten Strecke.

a) 8,301 km 5,813 km 8530 m

b) 7,904 km 7490 m 7,049 km

9 Erzähle.

10 Schreibe in eine Stellenwerttafel und ergänze die Null wie im Beispiel.

8 km 6 5 m

km	m		
8	**0**	6	5

a) 8 km 65 m
3 km 29 m
7 km 14 m

b) 4 km 97 m
3 km 40 m
2 km 53 m

c) 6 km 1 m
1 km 8 m
9 km 6 m

11 Schreibe in eine Stellenwerttafel und rechne in km um.

km	m		
5	**0**	3	8

5 km 38 m = 5,038 km

a) 5 km 38 m
3 km 92 m
8 km 14 m

b) 7 km 6 m
4 km 1 m
2 km 5 m

12 Schreibe in eine Stellenwerttafel und rechne in km und m um.

★ a) 2,071 km
6,009 km
8,012 km

b) 5,006 km
1,077 km
9,063 km

c) 7,005 km
3,086 km
4,004 km

km	m		
2	**0**	7	1

2,071 km = 2 km 71 m

Die Kinder sollten die Größen vor und nach dem Umrechnen aussprechen.

Formel 1

1

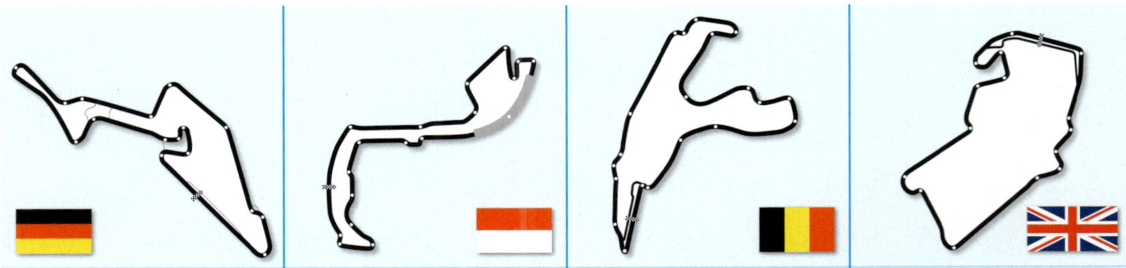

Deutschland	Monaco	Belgien	Großbritannien
5,148 km	3,340 km	7,004 km	5,141 km

a) Welche Rennstrecke ist am kürzesten?

b) Welche Rennstrecke ist am längsten?

c) Welche Rennstrecke ist fast so lang wie die Rennstrecke in Deutschland?

2 a) Ordne die Rennstrecken nach ihrer Länge. Beginne mit der kürzesten Strecke.

b) Ordne die Rennstrecken nach der Anzahl der Runden. Beginne mit den meisten Runden.

c) Vergleiche die Reihenfolge in a) und b). Was fällt dir auf?

Großer Preis von …	Länge	Runden
Deutschland	5,148 km	60
Monaco	3,340 km	78
Belgien	7,004 km	44
Großbritannien	5,141 km	60

3

a) Wie viele Kilometer fährt der Pilot bis zum ersten Boxenstopp?

b) Bis zum nächsten Boxenstopp fährt der Pilot 25 Runden. Wie viele Kilometer sind das?

c) Nach dem zweiten Boxenstopp müssen noch 19 Runden gefahren werden. Wie viele Kilometer sind das?

4 Wie lang ist die Rennstrecke? Erzähle.

5

a) Berechne die Gesamtstrecke für die Strecke in Deutschland.

b) Berechne die Gesamtstrecken für diese drei Formel-1-Strecken. Runde zuerst die Längen auf volle Kilometer.

Großer Preis von …	Länge	Runden
Monaco	3,340 km	78
Belgien	7,004 km	44
Singapur	5,067 km	61

Monaco: Länge etwa 3 km   78 · 3 =

6 Das Rennwochenende

★ a) Ein britischer Pilot ist in den Trainingsläufen 118 km und 109 km gefahren. Wie viele km ist er an diesem Wochenende insgesamt gefahren?

b) Ein deutscher Pilot ist in den Trainingsläufen 96 km und 111 km gefahren. Wie viele km ist er an diesem Wochenende insgesamt gefahren?

c) Wie viele Kilometer Unterschied liegen zwischen beiden Fahrern?

Fläche und Flächeninhalt

1 Findest du die Flächen? Schreibe in dein Heft.

a) 

b) 

c) 

a) Die Tischplatte ist eine Fläche.

b) Die …

2 Welche Formen erkennst du? Schreibe in dein Heft.

a) 

b) 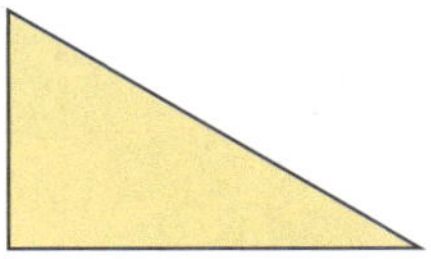

c) 

d) 

	Name der Form
a)	…
b)	…

3 Welche Flächen findet ihr? Überlege mit deinem Partner. Schreibe in dein Heft.

Fläche	Name der Form
Dach	Dreieck
…	…
…	…

4 Überlege mit deinem Partner. Schreibe in dein Heft.

a) Wo könnt ihr Flächen finden?

b) Wie sehen sie aus?

a) Flächen kann man zum Beispiel …

b) Flächen können zum Beispiel aussehen wie …

5 Welches Fenster hat die größte Fläche?

6 Sucht drei Flächen in eurem Klassenraum.
Welche Fläche ist am größten, welche am kleinsten?
Schreibe in dein Heft.

größte Fläche: ...
mittlere Fläche: ...
kleinste Fläche: ...

7 Erzähle.

8 Sucht drei Flächen in eurem Klassenraum.
Welche Fläche hat den größten Flächeninhalt, welche hat den kleinsten Flächeninhalt?
Schreibe in dein Heft.

größter Flächeninhalt: ...
mittlerer Flächeninhalt: ...
kleinster Flächeninhalt: ...

9 Überlege mit deinem Partner und vervollständige in deinem Heft.

Wenn eine Fläche klein ist, dann ist der Flächeninhalt ...
Wenn eine Fläche groß ist, dann ...

Flächeninhalt und Umfang

1 Erzähle.

2 Schreibe eigene Merksätze in dein Heft. Male dein Kinderzimmer dazu.

Flächeninhalt und Umfang in meinem Kinderzimmer

Der Flächeninhalt ist …

Der Umfang …

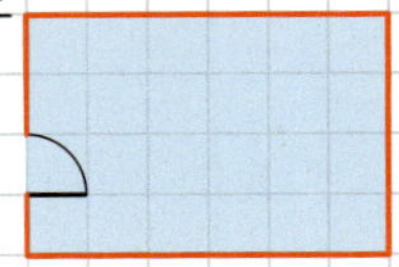

3 Ole und seine Mutter putzen Fenster.

Flächeninhalt und Umfang bei einem Fenster

Der Flächeninhalt ist …

Der Umfang …

a) Was ist bei dem Fenster der Flächeninhalt? Was ist der Umfang? Erzähle.

b) Schreibe eigene Merksätze in dein Heft. Male das Fenster dazu.

4 Anna backt Kuchen mit ihrem Vater.

Flächeninhalt und Umfang einer Kuchenform

Der Flächeninhalt ist …

Der Umfang …

a) Was ist bei der Springform der Flächeninhalt? Was ist der Umfang? Erzähle.

b) Schreibe eigene Merksätze in dein Heft. Male die Kuchenform dazu.

Flächeninhalte bestimmen

1 a) Erzählen.

b) Könnt ihr Lena helfen? Überlege mit deinem Partner.

2 Wie groß ist ungefähr der Flächeninhalt?
Überlege mit deinem Partner. Schreibe in dein Heft.

a) 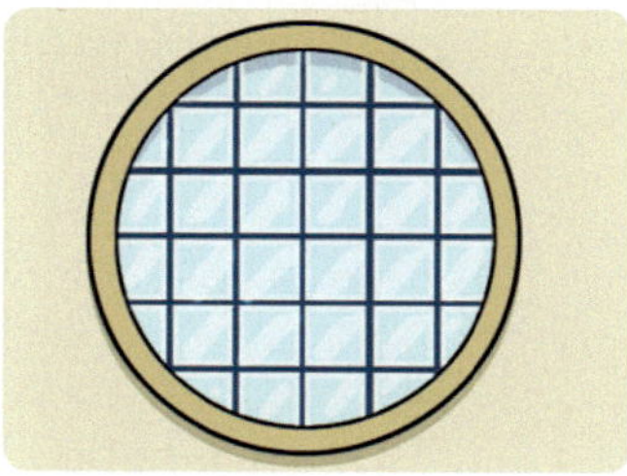

b) 

a) Der Flächeninhalt ist
ungefähr ... Teile groß.

3

a) Wer hat recht?
Überlege mit deinem Partner.

b) Wie habt ihr den Flächeninhalt herausgefunden?
So wie Paul oder so wie Mira?

c) Welcher Weg gefällt euch besser?
Der von Paul oder der von Mira?

4 Wie groß ist der Flächeninhalt? Schreibe ins Heft. Was fällt dir auf?

a) 

b) 

c) 

d) 

a) Der Flächeninhalt ist ... Fliesen groß.

Flächeninhalte messen

1 Was möchte Ina gerne wissen? Erzähle.

2  Das ist ein Quadratzentimeter. Der Flächeninhalt ist genau einen Quadratzentimeter groß. Warum heißt es „Quadratzentimeter"? Überlege mit deinem Partner.

Tipp: Nimm ein Lineal und miss nach!

3
a) Wie haben die beiden den Flächeninhalt ausgemessen?

b) Vergleicht ihre Ergebnisse. Was stellt ihr fest?

4 Jetzt seid ihr dran.

a) Benutzt zum Ausmessen Quadratzentimeter.

b) Ordnet die Flächen nach der Größe ihres Flächeninhalts. Schreibe eine Tabelle in dein Heft.

Fläche	Flächeninhalt
Heft	etwa … Quadratzentimeter
…	

c) Welche Formen kannst du gut ausmessen? Welche nicht? Begründe.

Tipp: Bei kleinen Flächen dauert es nicht so lange!

5 a) Was möchte Ina gerne wissen? Erzähle.

b) Was ist hier schwieriger als beim Ausmessen des Tonpapiers? Probiert es in eurem Flur aus.

6

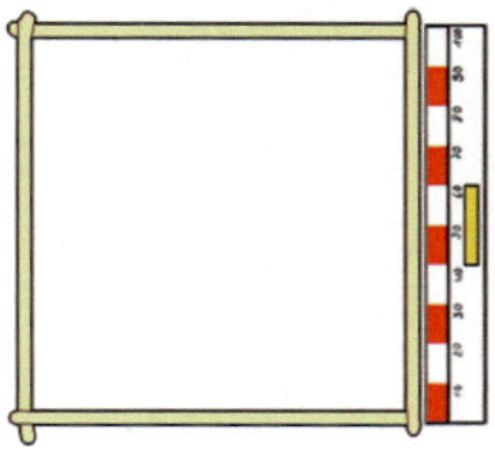

Das ist das Bild eines Quadratmeters.
Der Flächeninhalt ist genau einen Quadratmeter groß.
Warum heißt es „Quadratmeter"?
Überlege mit deinem Partner.

7

a) Wie messen die beiden den Flächeninhalt aus?

b) Wann ist es besser, mit Quadratzentimetern zu messen?
Wann ist es besser, mit Quadratmetern zu messen?
Überlege mit deinem Partner.
Schreibe in dein Heft.

Große Flächen messe ich mit … aus, weil …

Kleine Flächen messe ich mit … aus, weil …

8 Wir vermessen unseren Flur

Messt den Flächeninhalt eures Flurbodens aus.

Überlegt zuerst, ob ihr lieber mit Quadratzentimetern oder Quadratmetern messen möchtet.

Probiert dann aus, wie oft der Quadratzentimeter oder der Quadratmeter in den Flur passt.

Gerecht aufteilen

1 Lena und Lisa haben nur noch eine Lakritzschnecke.

Wie können sie die Lakritzschnecke gerecht aufteilen?

a) Überlegt zusammen.

b) Zeichnet eure Lösung in eure Hefte.

c) Wie viel bekommt jeder?

Wir würden eine Lakritzschnecke so aufteilen:

2 Tim hat drei Freunde zu Besuch. Sie essen zusammen Pizza.

Wie können sie die Pizza gerecht aufteilen?

a) Zeichne eine Lösung in dein Heft.

b) Tims Mutter sagt: „Jetzt hat jeder von euch ein Viertel der Pizza." Was meint sie damit?

3 Anna teilt sich eine Tafel Schokolade mit zwei Freundinnen.

Wie können sie die Schokolade gerecht aufteilen?

a) Zeichne eine Lösung.

b) Anna sagt: „Jetzt hat jeder von uns ein Drittel der Schokolade!" Was meint sie damit?

c) Vergleiche mit einem Partner. Habt ihr die Schokolade gleich aufgeteilt?

★ d) Findet ihr verschiedene Möglichkeiten, die Schokolade in drei Teile zu teilen?

4 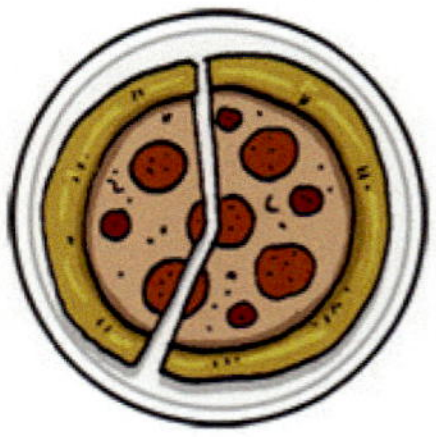

Ole hat eine Pizza aufgeteilt.

a) Hat er die Pizza gerecht aufgeteilt?
Sind es wirklich zwei Halbe? Warum?

b) Wie würdest du eine Pizza gerecht in zwei Halbe teilen?

5 

Fatima hat eine Scheibe Toast aufgeteilt.

a) Hat sie die Scheibe gerecht aufgeteilt?
Sind es wirklich vier Viertel? Warum?

b) Wie würdest du den Toast gerecht in vier Viertel teilen?

6 

Paul hat das Fruchtgummi aufgeteilt. Er hat jetzt fünf Teile.

a) Hat er das Fruchtgummi gerecht aufgeteilt?
Sind es wirklich fünf Fünftel? Warum?

b) Wie würdest du das Fruchtgummi gerecht aufteilen?

7 

Monas Papa hat den Kuchen in sieben Stücke aufgeteilt.

a) Hat er den Kuchen gerecht aufgeteilt?
Sind es wirklich sieben Siebtel? Warum?

b) Wie würdest du den Kuchen gerecht aufteilen?

8 Worauf muss man achten, wenn man etwas gerecht aufteilen möchte?

a) Besprich die Frage mit deinem Partner.

b) Schreibe einen Merksatz in dein Heft.

Wenn man etwas gerecht aufteilen möchte,
dann muss man darauf achten, dass ...

9 Wurde hier gerecht aufgeteilt? Begründe. Schreibe in dein Heft.

a) 

b) 

c) 

d) 

a) Ja, hier wurde gerecht aufgeteilt, weil alle Teile gleich groß sind.
b) ...

Die Teile haben Namen

1 Erzähle.

2 Ist dir aufgefallen, dass die Teile beim gerechten Aufteilen besondere Namen haben?

Wenn man etwas in fünf gleich große Teile teilt, dann heißen die Teile **Fünf**tel.

Anzahl der Teile	Name der Teile
vier Teile	**Vier**tel
fünf Teile	**Fünf**tel
...	...

Übertrage die Tabelle in dein Heft. Vervollständige bis zehn Teile.

3 Wie heißen die Teile? Schreibe in dein Heft.

a)  b)  c)  d) 

a) Es sind acht **Acht**el.

4 Wie viel bekommt jeder? Schreibe in dein Heft.

a)  b)  c)  d) 

a) Jeder bekommt ein **Sechs**tel.

5

a) Erzähle.

b) Übertrage die Tabelle in dein Heft. Vervollständige.

Anzahl der Teile	Name der Teile
ein Teil	Ganzes
zwei Teile	...
drei Teile	...

6 Wie würdet ihr gerecht aufteilen? Überlegt gemeinsam und probiert aus.

a) einen Schokoriegel in drei Drittel

b) eine Pizza in zwei Halbe

c) eine Torte in acht Achtel

d) eine Scheibe Toast in zwei Halbe

e) eine Fruchtgummischlange in vier Viertel

f) ein Stück Butter in fünf Fünftel

★ Könnt ihr eine Scheibe Toast auf verschiedene Weisen in zwei Halbe teilen? Probiert es aus.

7 Könnt ihr das aufmalen?

a) ein Viertel von einer Scheibe Toast

b) ein Drittel von einer Gurke

c) eine Hälfte von einem Apfel

d) ein Achtel von einem Auflauf

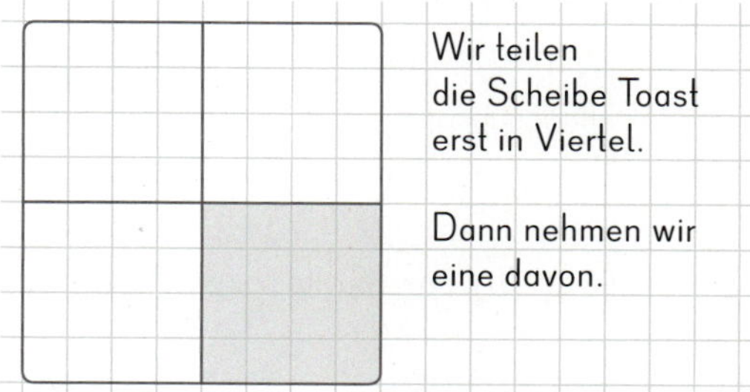

★ Könnt ihr eine Scheibe Toast auf verschiedene Weisen in Viertel teilen? Probiert es aus.

8 Was gehört zusammen?

A

B

C

D

E

1 ein Achtel   2 ein Fünftel   3 ein Drittel   4 ein Siebtel   5 ein halb

Die Teile kann man als Zahl schreiben

1 Erzähle.

2 Was gehört zusammen?

A 
B 
C 
D 
E 

1 $\frac{1}{9}$ 2 $\frac{1}{5}$ 3 $\frac{1}{7}$ 4 $\frac{1}{1}$ 5 $\frac{1}{4}$

3 Welche Wörter gehören dazu? Schreibe in dein Heft.

a) $\frac{1}{4}$ b) $\frac{1}{6}$ c) $\frac{1}{3}$ d) $\frac{1}{8}$ e) $\frac{1}{2}$

a) $\frac{1}{4}$ ein Viertel

4 Findest du die richtigen Zahlen? Schreibe in dein Heft.

a) ein Fünftel   b) ein Siebtel   c) ein Drittel

d) ein Neuntel   e) ein Zehntel   f) ein Ganzes

a) ein Fünftel $\frac{1}{5}$

5 Wie viel bekommt jeder? Schreibe in dein Heft.

a) 
b) 
c) 
d) 

a) Jeder bekommt ein Viertel. $\frac{1}{4}$ ein Viertel

b) Jeder bekommt …

Mehr als ein Teil

1 Erzähle.

2 Wie viel isst Ole? Schreibe in dein Heft.

a) 

b) 

c) 

d) 

a) Es sind Achtel. Ole isst drei Achtel. $\frac{3}{8}$ drei Achtel

b) ...

3 Was gehört zusammen?

A 

B 

C 

D 

E 

1 sechs Achtel 2 zwei Drittel 3 drei Viertel 4 vier Siebtel 5 zwei Fünftel

4 Was gehört zusammen?

A 

B 

C 

D 

E 

1 $\frac{2}{4}$ 2 $\frac{3}{9}$ 3 $\frac{5}{6}$ 4 $\frac{4}{10}$ 5 $\frac{4}{5}$

Wiederholung

1 Welche Körper sind abgebildet? Beschreibe ihre Merkmale.

2 a) Schreibt Steckbriefe für Körper.

Anzahl der Kanten	☐
Anzahl der Ecken	☐
Anzahl der Flächen	☐
Form der Flächen	______
hier knicken	
Welcher Körper ist es?	______

b) Ein Partner liest den Steckbrief. Erkennt er den Körper? Wechselt euch ab.

3 Mini-Werkstatt: Wir stellen Körper her.

4 Körperrätsel

Ein Kind legt einen Gegenstand unter ein Tuch. Ein anderes Kind ertastet den Körper und beschreibt ihn. Alle Kinder erraten den Körper.

Grund-, Deck- und Seitenflächen

1

Schreibe Merksätze in dein Heft:

Die Fläche, auf der ein Körper steht, heißt …

Die obere Fläche eines Körpers heißt …

Die Flächen an den Seiten eines Körpers heißen …

2 Bestimmt wie die Kinder Grundfläche, Deckfläche und Seitenfläche von Gegenständen und Verpackungen. Was fällt euch auf?

3 Bestimmt die Flächen an Körpern.

a) Stelle einen Gegenstand oder eine Verpackung auf. Dein Partner bestimmt die verschiedenen Flächen.

b) Stelle diesen Gegenstand anders auf. Dein Partner bestimmt wieder die Flächen.

c) Was fällt euch auf? Wechselt die Rollen.

Kantenmodell und Würfelbauten

1 Bau eines Würfelmodells

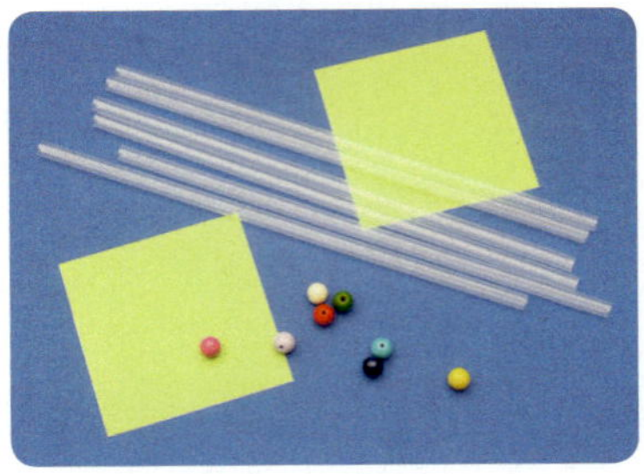

Du brauchst:
- 2 quadratische Notizzettel
- 8 kleine Perlen
- 6 dicke Trinkhalme aus Plastik
- Schere, Lineal, Klebstoff, Kleister

Bauanleitung:

a) Falte und schneide aus den Notizzetteln jeweils vier kleine Quadrate.

b) Falte und schneide aus den kleinen Quadraten acht Ecken. Fixiere sie mit Klebstoff. Das sind die Faltecken.

c) Klebe mit Kleister in jede Faltecke eine Perle. Lass den Kleister gut trocknen.

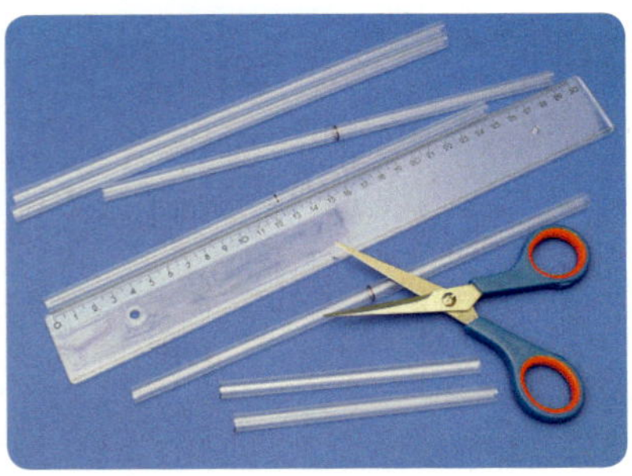

d) Halbiere die Trinkhalme. Du brauchst zwölf gleich lange Stücke.

e) Klebe aus vier Perlen und vier Trinkhalm-Hälften ein Quadrat. Das wird die Grundfläche. Achte auf die rechten Winkel. Die Faltecken helfen dir dabei.

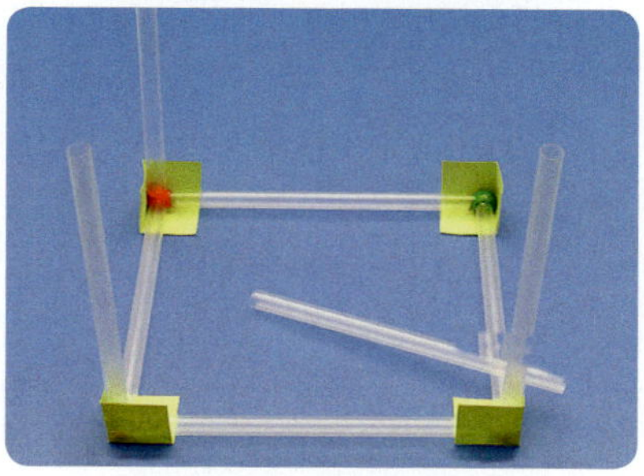

f) Klebe an jede der vier Perlen auch nach oben eine Trinkhalm-Hälfte. Das sind die Kanten der Seitenflächen. Achte wieder auf die rechten Winkel.

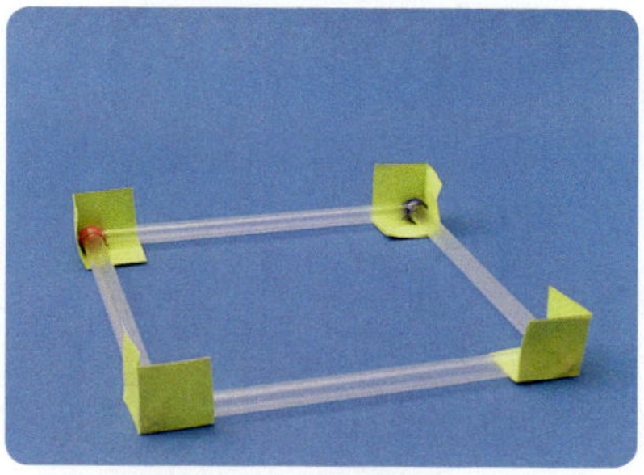

g) Klebe nun die Kanten der Deckfläche. Mache es genauso wie bei der Grundfläche.

h) Klebe die Deckfläche auf die vier Trinkhalme, die die Kanten der Seitenflächen darstellen.

Dein Würfelmodell ist fertig!

2 Bauen mit Würfeln

a) Baue nach den Plänen.

A

1	2
0	1
1	2

B

1	0	1
2	2	2
1	3	1

b) Zeichne die Pläne der Bauwerke.

A 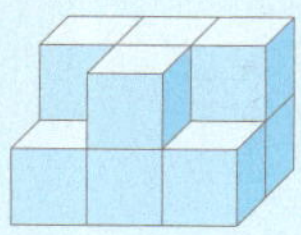

B 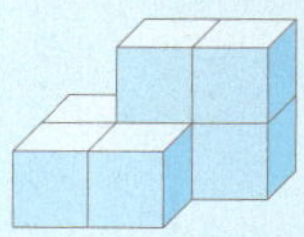

c) Stellt euch gegenseitig Aufgaben wie in a) oder b).

Körpernetze

1 Körpernetze untersuchen

Schneidet eine Verpackung an den Kanten sorgfältig auf. Klappt sie auseinander. Legt sie flach auf den Tisch. Vergleicht eure Ergebnisse.

> Schneidet man einen Körper entlang seiner Kanten auf, so entsteht ein Körpernetz. Das Körpernetz darf dabei nicht in mehrere Teile zerfallen.

2 Arbeitet wie die Kinder. Diskutiert eure Ergebnisse.

a) Stempelt mit einem Quader.

b) Baut einen Würfel aus Papierquadraten. Klappt den Würfel anschließend auseinander.

c) Rollt einen Würfel ab. Umfahrt die einzelnen Flächen mit einem Farbstift.

d) Beklebt jede Seite eines Quaders mit Tonpapier.

3 Verschiedene Körpernetze

Schneidet Verpackungen entlang aller Kanten auseinander.
Legt die einzelnen Flächen nebeneinander auf den Tisch.
Findet verschiedene Anordnungen.

4 Würfelnetz – ja oder nein?

Welches der Netze lässt sich zu einem Würfel falten?

a) 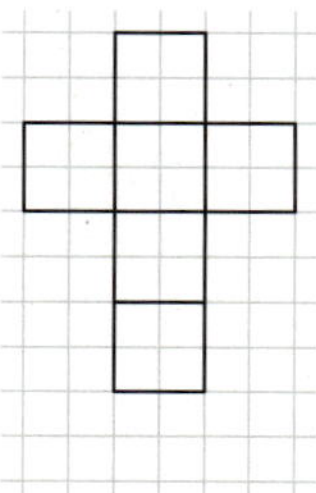
b) 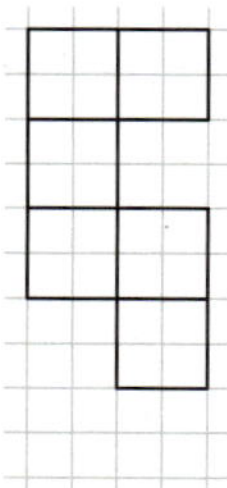
c) 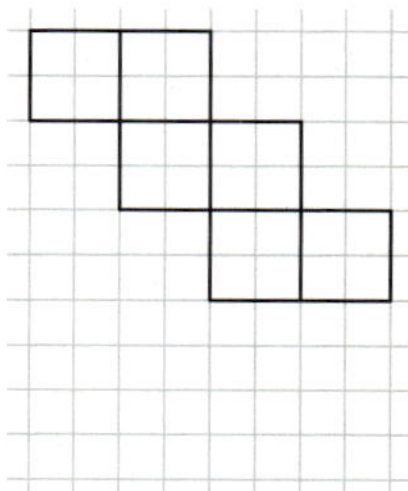
d) 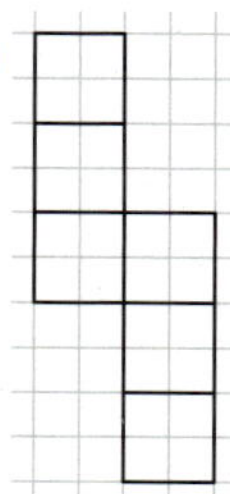
e) 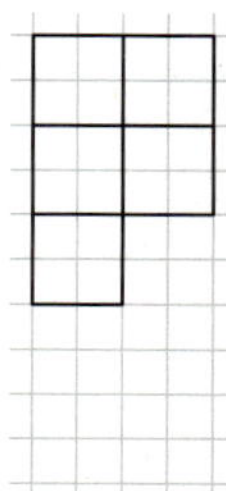
f) 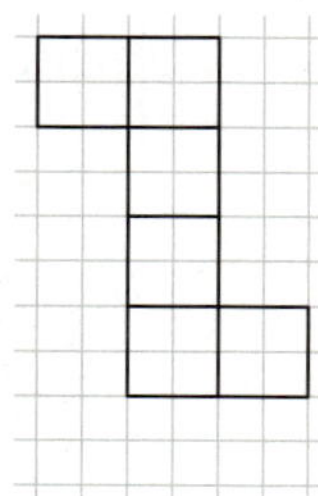

5 a) Zeichne eigene Würfelnetze.
Dein Partner überprüft sie durch Ausschneiden und Falten.

b) Wie viele verschiedene Würfelnetze findet ihr?

6 Quadernetz – ja oder nein?

Welches der Netze lässt sich zu einem Quader falten?

a) 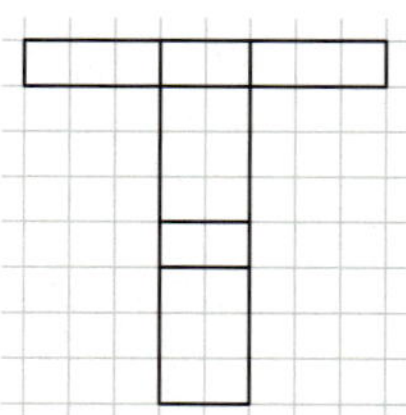
b) 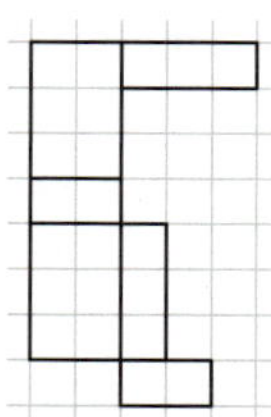
c) 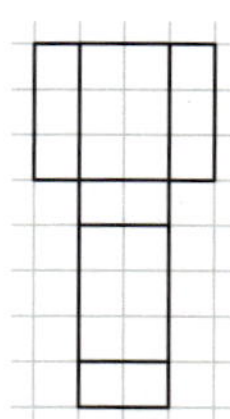
d) 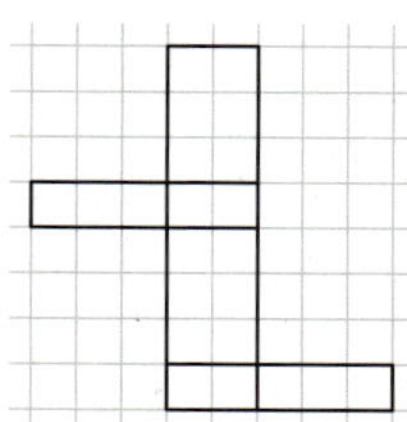
e) 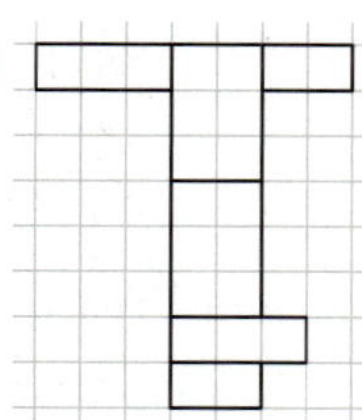

7 a) Zeichne eigene Quadernetze.
Dein Partner überprüft sie durch Ausschneiden und Falten.

b) Wie viele verschiedene Quadernetze findet ihr?

Division im Kopf

1 Wie heißt die Divisionsaufgabe? Schreibe ins Heft und rechne.

a) 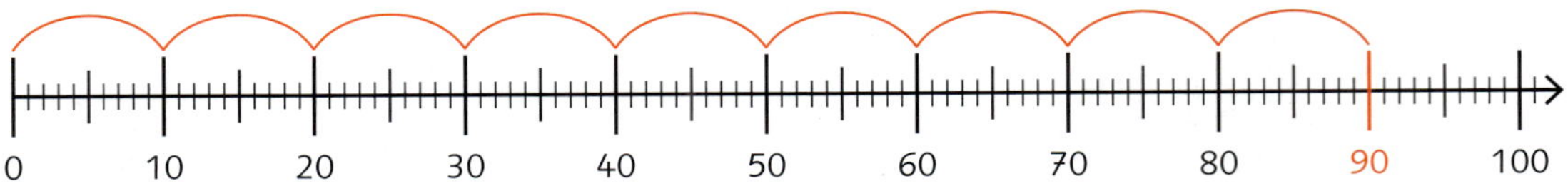

90 : ■ = ■

b) 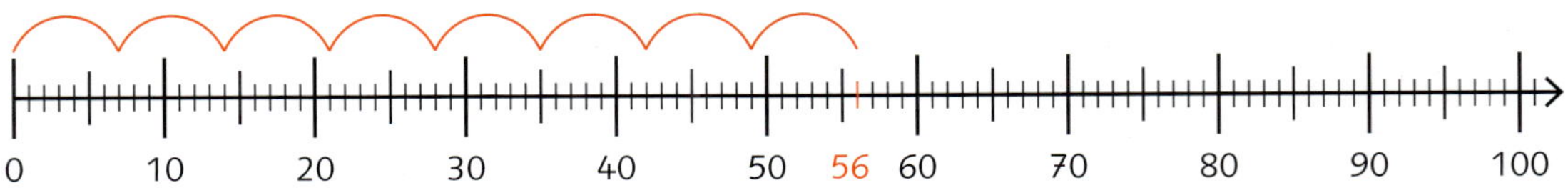

56 : ■ = ■

c) 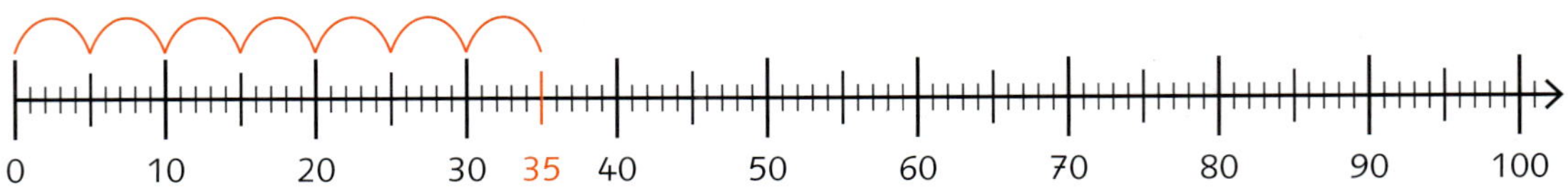

■ : ■ = ■

d) 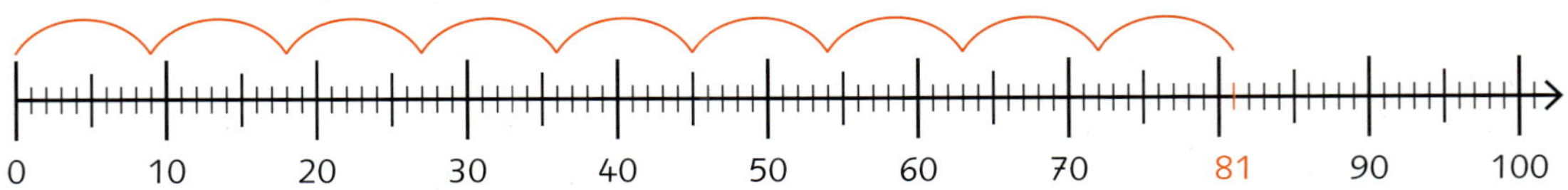

■ : ■ = ■

2 Bilde Aufgabenfamilien.

a) 7 | 8 | 56

7 · 8 = ■ 56 : 7 = ■
■ · ■ = ■ ■ : ■ = ■

b) 5 | 9 | ▢

■ · ■ = ■ ■ : ■ = ■
■ · ■ = ■ ■ : ■ = ■

3 Rechne im Kopf.
Schreibe zu jeder Aufgabe auch die Malaufgaben auf.

a)	b)	c)	d)	e)
18 : 2	14 : 7	54 : 9	24 : 3	35 : 5
36 : 4	28 : 7	27 : 9	24 : 8	70 : 10
80 : 10	64 : 8	16 : 8	54 : 6	36 : 6
40 : 5	32 : 8	32 : 8	54 : 9	70 : 7

18 : 2 = 9
9 · 2 = 18
36 : 4 = 9
9 · 4 = 36

Division mit Rest

1

a) Immer vier Kinder sollen in einer Mannschaft spielen.
Geht das? Begründe.

b) Lisa hat sich hierzu eine Skizze angefertigt. Erkläre.

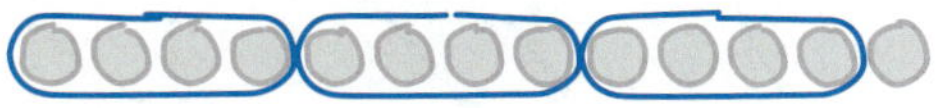

13 : 4 = 3 R 1

2 Wie wäre es, wenn drei Kinder in einer Mannschaft spielen würden? Erkläre.

3 Ole soll die Bälle in die Netze packen. In ein Netz passen drei Bälle.

a) Passen alle Bälle in die Netze? Erkläre.

b) Wie wäre es, wenn es insgesamt zehn Bälle sind? Erkläre.

4 Rechne. Schreibe wie Lisa.

a)	b)	c)	d)	e)	f)
21 : 10	9 : 2	10 : 3	15 : 7	28 : 9	26 : 3
22 : 10	7 : 2	8 : 3	20 : 7	35 : 9	25 : 6
11 : 5	11 : 4	13 : 6	18 : 8	99 : 10	50 : 7
16 : 5	9 : 4	17 : 6	25 : 8	49 : 5	65 : 8

5 Rechne. Überprüfe das Ergebnis durch die Probe.

a)	b)	c)	d)
18 : 4	45 : 7	39 : 9	39 : 8
22 : 4	59 : 7	57 : 9	71 : 8

18 : 4 = 4 R 2

Probe:
4 · 4 = 16
16 + 2 = 18

Halbschriftliche Division

1 Murat hat 65 Glasmurmeln geschenkt bekommen.
Er will sie mit seinen vier Freunden teilen. Er rechnet geschickt.

Murat schreibt:

Ich rechne nacheinander:
50 **geteilt durch** 5 **gleich** 10
15 **geteilt durch** 5 **gleich** 3

6	5	:	5	=		
5	0	:	5	=	1	0
1	5	:	5	=		3

Ich zähle die Ergebnisse zusammen:
10 **plus** 3 **gleich** 13. Das Ergebnis 13 schreibe ich hinter die Aufgabe.

6	5	:	5	=	1	3
5	0	:	5	=	1	0
1	5	:	5	=		3

Rechne wie Murat.

a)	b)	c)	d)	e)	f)
22 : 2	55 : 5	44 : 4	88 : 8	77 : 7	99 : 9
24 : 2	65 : 5	52 : 4	96 : 8	84 : 7	108 : 9
26 : 2	75 : 5	60 : 4	104 : 8	98 : 7	117 : 9
28 : 2	85 : 5	68 : 4	112 : 8	112 : 7	126 : 9
30 : 2	95 : 5	72 : 4	120 : 8	126 : 7	135 : 9

2 Teile mit System. Was fällt dir auf?

a)

			8	:	4	=			2
		8	0	:	4	=		2	0
	8	0	0	:	4	=	2	0	0
8	0	0	0	:	4	=			

b)	c)	d)
6 : 2	5 : 5	9 : 3
60 : 2	50 : 5	90 : 3
600 : 2	500 : 5	900 : 3
6000 : 2	5000 : 5	9000 : 3

e) Erfinde eigene Aufgaben mit System und lass sie von deinem Nachbarn lösen.

3 a)

		1	6	:	2	=		8
	1	6	0	:	2	=		
1	6	0	0	:	2	=		

b)	c)	d)
12 : 6	28 : 7	32 : 8
120 : 6	280 : 7	320 : 8
1200 : 6	2800 : 7	3200 : 8

e) Erfinde eigene Aufgaben und lass sie von deinem Nachbarn lösen.

4 Mona war mit sechs Freundinnen im Wald. Gemeinsam haben sie 91 Kastanien gesammelt. Jetzt wird gerecht geteilt.

Wie viele Kastanien bekommt jede? Rechne geschickt.

5 Setze die Reihen fort.

a) 20, 40, 60, …, 200   b) 50, 100, 150, …, 500   c) 40, 80, 120, …, 400

d) 80, 160, 240, …, 800   e) 70, 140, 210, …, 700   f) 90, 180, 270, …, 900

6 Was fällt dir auf?

a)	b)	c)	d)
80 : 20	450 : 50	120 : 40	280 : 7
80 : 2	450 : 5	120 : ■	280 : ■
160 : 20	250 : 50	320 : 40	490 : ■
160 : ■	250 : ■	320 : ■	490 : ■

7

a)	b)	c)	d)	e)	f)
270 : 3	120 : 6	160 : 8	240 : 4	450 : 9	350 : 7
210 : 3	240 : 6	320 : 8	280 : 4	360 : 9	140 : 7
150 : 3	360 : 6	240 : 8	320 : 4	270 : 9	420 : 7

8 Mira möchte 368 durch 8 teilen.
Sie zerlegt geschickt. Mira rechnet im Heft.

Ich sage mir die 80er-Reihe auf:
80, 160, 240, 320, 400.
400 ist zu viel, 320 passt.
Jetzt kann ich 368 geschickt aufteilen
in 320 **plus** 48.

Ich rechne nacheinander:
320 **geteilt durch** 8 **gleich** 40
48 **geteilt durch** 8 **gleich** 6

Ich zähle die Ergebnisse zusammen:
40 **plus** 6 **gleich** 46. Das Ergebnis 46
schreibe ich hinter die Aufgabe.

Mira schreibt:

3	6	8	:	8	=		
3	2	0					
	4	8					

3	6	8	:	8	=		
3	2	0	:	8	=	4	0
	4	8	:	8	=		6

3	6	8	:	8	=	4	6
3	2	0	:	8	=	4	0
	4	8	:	8	=		6

Rechne wie Mira.

a)	b)	c)	d)	e)	f)
145 : 5	122 : 2	88 : 4	168 : 8	161 : 7	288 : 9
245 : 5	128 : 2	132 : 4	248 : 8	175 : 7	729 : 9
125 : 5	212 : 2	176 : 4	328 : 8	189 : 7	396 : 9

9 Rechne wie Mira. Sie hat 232 Glasmurmeln. Die Glasmurmeln werden …

a) an acht Kinder verteilt.   b) an vier Kinder verteilt.

c) an zwei Kinder verteilt.   d) Vergleiche die Ergebnisse. Was fällt dir auf?

Halbschriftliche Division im Zahlenraum bis 10000

1 Setze die Reihen fort.

a) 200, 400, ..., 2000 b) 500, 1000, ..., 5000 c) 300, 600, ..., 3000

d) 600, 1200, ..., 6000 e) 700, 1400, ..., 7000 f) 800, 1600, ..., 8000

2 Was fällt dir auf?

a) 600 : 200
600 : 2

1200 : 200
1200 : ▢

b) 2000 : 500
2000 : 5

3500 : 500
3500 : ▢

c) 2400 : 600
2400 : ▢

3600 : 600
3600 : ▢

d) 1600 : 8
1600 : ▢

3200 : ▢
3200 : ▢

e) Erfinde eigene Aufgabenpaare und lass sie von deinem Partner lösen.

3 Zerlege geschickt und rechne. Kontrolliere mit dem Taschenrechner.

a) 720 : 6
780 : 6
840 : 6
900 : 6

b) 380 : 2
360 : 2
340 : 2
320 : 2

c) 750 : 5
850 : 5
950 : 5
1000 : 5

d) 440 : 4
520 : 4
600 : 4
680 : 4

720 : 6 = 120
600 : 6 = 100
120 : 6 = 20

4 Die Aufgabe heißt 560 : 2.

a) Lena rechnet halbschriftlich.

560 : 2 =
400 : 2 = 200

b) Lisa löst die Aufgabe mit Rechengeld.

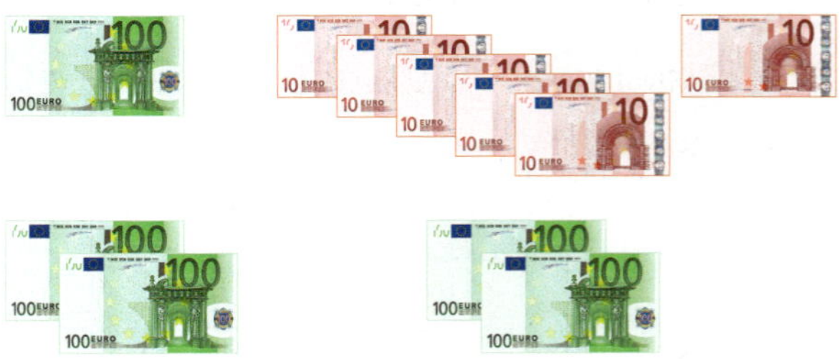

Wie geht es bei Lena und Lisa weiter? Erkläre.

5 Rechne wie Lena. Lege mit Rechengeld wie Lisa.

a) 760 : 2 b) 1680 : 4 c) 2250 : 5 d) 1440 : 6

e) 1080 : 3 f) 1680 : 8 g) 1890 : 7 h) 1440 : 9

6 Schöne Päckchen

a)
18 : 2
180 : 2
1800 : 2
1800 : 20

b)
32 : 4
320 : 4
3200 : 4
3200 : 40

c)
56 : 7
560 : 7
5600 : 7
5600 : 70

d)
64 : 8
640 : 8
6400 : 8
6400 : 80

e) Erfinde selbst schöne Päckchen und lass sie von deinem Nachbarn lösen.

7 Nachbaraufgaben. Löse zuerst die rote Aufgabe. Was fällt dir auf?

a)
2997 : 3
3000 : 3
3003 : 3

b)
4990 : 5
4995 : 5
5000 : 5

c)
1800 : 9
1809 : 9
1818 : 9

d)
3606 : 6
3600 : 6
3594 : 6

8

Fünf Klassen der Schule haben einen großen Trödelmarkt veranstaltet. Zusammen haben sie 635 € eingenommen. Jetzt soll das Geld gerecht geteilt werden. Wie viel bekommt jede Klasse?

a) Lisa löst die Aufgabe mit Rechengeld.

Sie überlegt: Ich beginne bei den Hundertern. Ich habe 6 Hunderter. Jede Klasse bekommt 1 Hunderter. Ein Hunderter bleibt übrig.

b) Lena rechnet halbschriftlich.

H	Z	E				H	Z	E
6	3	5	:	5	=			
5	0	0						

Wie geht es bei Lisa und Lena weiter? Erkläre.

c) Lege mit Rechengeld wie Lisa. Rechne wie Lena.

Schriftliche Division: Einführung

1 Die Mutter von Lisa und Lena hilft beim Schulfest.
Sie rechnet die Aufgabe 635 : 5 anders.

Sie erklärt:

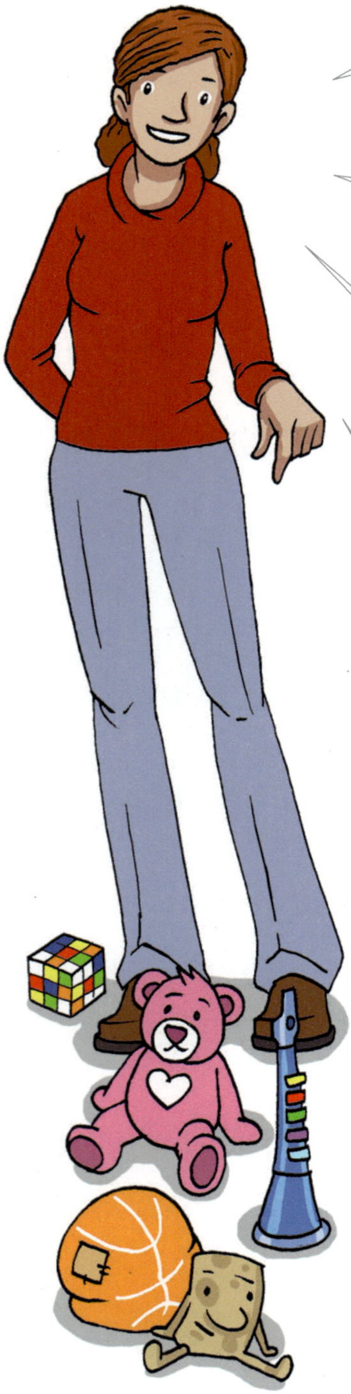

Sie schreibt:

Ich beginne bei den **Hundertern**.
Wie oft passt 5 in 6? 1-mal.
Ich schreibe 1.

H	Z	E				H	Z	E
6	3	5	:	5	=	1		

1 **mal** 5 **gleich** 5.
Ich schreibe 5 und unterstreiche.

H	Z	E				H	Z	E
6	3	5	:	5	=	1		
5								

Ich rechne 6 **minus** 5 **gleich** 1.
Ich schreibe 1.

H	Z	E				H	Z	E
6	3	5	:	5	=	1		
5								
1								

Ich hole die 3 herunter
und schreibe sie neben die 1.

H	Z	E				H	Z	E
6	3	5	:	5	=	1		
5	↓							
1	3							

Wie oft passt 5 in 13? 2-mal.
Ich schreibe 2.

H	Z	E				H	Z	E
6	3	5	:	5	=	1	2	
5								
1	3							

2 **mal** 5 **gleich** 10.
Ich schreibe 10 und unterstreiche.

H	Z	E				H	Z	E
6	3	5	:	5	=	1	2	
5								
1	3							
1	0							

Ich rechne 13 **minus** 10 **gleich** 3.
Ich schreibe 3.

H	Z	E				H	Z	E
6	3	5	:	5	=	1	2	
5								
1	3							
1	0							
	3							

Ich hole die 5 herunter
und schreibe sie neben die 3.

```
H Z E         H Z E
6 3 5 : 5 = 1 2
5
1 3
1 0 ↓
  3 5
```

Wie oft passt 5 in 35? 7-mal.
Ich schreibe 7.

```
H Z E         H Z E
6 3 5 : 5 = 1 2 7
5
1 3
1 0
  3 5
```

7 mal 5 gleich 35.
Ich schreibe 35 und unterstreiche.

```
H Z E         H Z E
6 3 5 : 5 = 1 2 7
5
1 3
1 0
  3 5
  3 5
```

Ich rechne 35 **minus** 35 **gleich** 0.
Ich schreibe 0.

635 **geteilt durch** 5 **ist** 127.

```
H Z E         H Z E
6 3 5 : 5 = 1 2 7
5
1 3
1 0
  3 5
  3 5
    0
```

a) Wie hat die Mutter von Lisa und Lena gerechnet?

b) Was ist beim Aufschreiben wichtig?

c) Wie viel Geld bekommt jede Klasse?

2 Lege mit Rechengeld wie Lisa. Rechne wie Lena und so wie ihre Mutter.

a) 372 : 2
376 : 2
572 : 2
776 : 2

b) 572 : 4
576 : 4
976 : 4
972 : 4

c) 625 : 5
925 : 5
795 : 5
765 : 5

d) 976 : 8
★ 952 : 8
936 : 8
984 : 8

Schriftliche Division

1 Dividiere schriftlich. Achte auf die Sprechweise und rechne Schritt für Schritt.

a) 978 : 2
778 : 2
578 : 2
378 : 2

b) 936 : 4
944 : 4
984 : 4
992 : 4

c) 675 : 5
685 : 5
695 : 5
665 : 5

d) 854 : 7
★ 959 : 7
812 : 7
924 : 7

2 Achtung! Aufgepasst!

T	H	Z	E				T	H	Z	E
1	1	1	6	:	9	=	0	1	2	4
0										
1	1									
	9									
	2	1								
	1	8								
		3	6							
		3	6							
			0							

Wie rechnet Paul weiter? Erkläre.

3 Rechne wie Paul.

a) 1356 : 2
1358 : 2
1354 : 2
1352 : 2

b) 1925 : 5
1725 : 5
1425 : 5
1225 : 5

c) 1392 : 6
1992 : 6
2592 : 6
3792 : 6

d) 1144 : 8
★ 1168 : 8
1184 : 8
1192 : 8

4 Schriftliche Division mit Probe

a) Was fällt dir auf?

b) Warum steht neben der Divisionsaufgabe eine Multiplikationsaufgabe?

c) Welches Ergebnis erhältst du bei der Multiplikationsaufgabe?

H	Z	E				H	Z	E
7	1	1	:	3	=	2	3	7
6								
1	1							
	9							
	2	1						
	2	1						
		0						

Probe:

H	Z	E		
2	3	7	·	3
		H	Z	E

5 Dividiere schriftlich. Rechne mit Probe.

a) 711 : 3
1422 : 3

b) 1175 : 5
1195 : 5

c) 2512 : 8
★ 2744 : 8

d) 1368 : 9
★ 1467 : 9

Schriftliche Division mit Rest

1 Acht Bauern der Gemeinde Neudorf haben zusammen 987 kg Äpfel geerntet. Jeder Bauer bekommt den gleichen Anteil. Den Rest schenken sie den Kindern der Klasse 6b. Sie haben an einem Nachmittag beim Ernten geholfen.

a) Was soll ausgerechnet werden?

b) Erkläre, wie Dennis gerechnet hat.

c) Wie lautet die Antwort?

Dennis rechnet:

H	Z	E					H	Z	E					
9	8	7	kg	:	8	=	1	2	3	kg		R	3	kg
8														
1	8													
1	6													
	2	7												
	2	4												
		3												

2 Rechne wie Dennis.

a) 713 : 3
824 : 3
1312 : 3
1423 : 3

b) 719 : 5
728 : 5
1177 : 5
1194 : 5

c) 978 : 8
986 : 8
2514 : 8
2742 : 8

d) 1187 : 9
1276 : 9
1365 : 9
1454 : 9

3 Dividiere schriftlich. Rechne mit Probe.

H	Z	E				H	Z	E		R	2
6	2	7	:	5	=	1	2	5			
5											
1	2										
1	0										
	2	7									
	2	5									
		2									

Probe:

	H	Z	E		
	1	2	5	·	5
			H	Z	E
2̸			6	2	5
1̸					

6 2 5 + 2 = 6 2 7

Bei der Probe musst du den Rest zum Ergebnis der Multiplikationsaufgabe addieren.

a) 627 : 5
849 : 5
768 : 5

b) 839 : 4
1639 : 4
2839 : 4

c) 954 : 7
956 : 7
958 : 7

d) 4717 : 8
4543 : 8
4636 : 8

e) Erfinde eigene Divisionsaufgaben und lass sie von deinem Partner rechnen.

Schriftliche Division: Sonderfälle

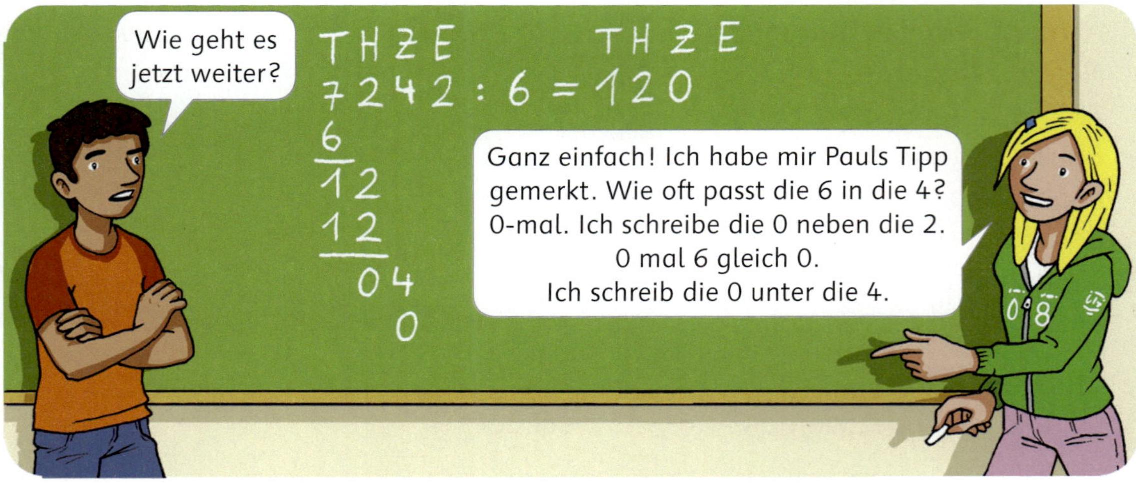

1 a) Wie geht es weiter?

b) Übertrage ins Heft und rechne.
Kontrolliere das Ergebnis mit dem Taschenrechner.

2 Rechne wie Mira. Kontrolliere mit dem Taschenrechner.

a)	b)	c)	d)
3412 : 2	6545 : 5	5127 : 3	7483 : 7
3418 : 2	6535 : 5	★ 6135 : 3	★ 9163 : 7
3612 : 2	6525 : 5	4125 : 3	1575 : 7
3618 : 2	6515 : 5	8136 : 3	2576 : 7

3 Dividiere schriftlich. Rechne mit Probe. Bei manchen Aufgaben bleibt ein Rest.

a)	b)	c)	d)
5636 : 4	7236 : 6	1768 : 8	9198 : 9
5238 : 4	7239 : 6	1764 : 8	1998 : 9
4128 : 4	8436 : 6	9624 : 8	9191 : 9
4268 : 4	8442 : 6	9628 : 8	1991 : 9

4 Zahlenlotto

Legt die Ziffernkarten mit den Ziffern von 1 bis 9 verdeckt auf den Tisch. Mischt die Karten. Zieht aus dem Stapel fünf Karten. Legt mit vier Karten eine Zahl. Teilt diese Zahl durch die Zahl, die noch übrig ist.

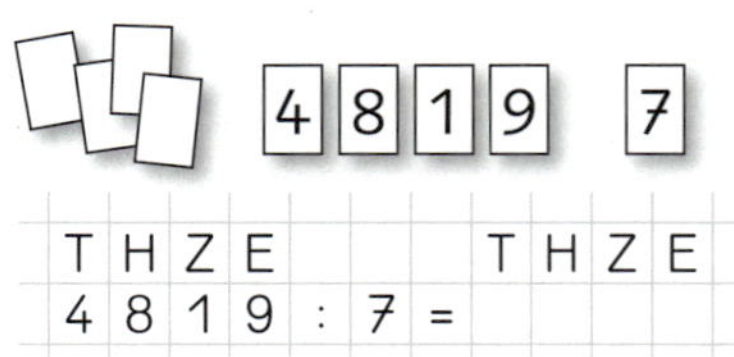

Die Null in der schriftlichen Division

Ich rechne wie Paul.
Wie oft passt die 3 in die 0?
0-mal.
Ich schreibe 0 neben die 7.
0 mal 3 gleich 0.
Ich schreibe 0 unter die 0.

T	H	Z	E				T	H	Z	E
8	1	0	9	:	3	=	2	7	0	
6										
2	1									
2	1									
	0	0								
		0								

1 a) Wie rechnet Ole? Erkläre.

b) Übertrage ins Heft und rechne zu Ende.

c) Kontrolliere das Ergebnis mit dem Taschenrechner.

2 Rechne wie Ole. Kontrolliere dein Ergebnis mit dem Taschenrechner.

a) 8109 : 3
5109 : 3
7401 : 3

b) 9606 : 6
8406 : 6
7206 : 6

c) 5608 : 4
★ 5808 : 4
3608 : 4

d) 9505 : 5
★ 9705 : 5
4505 : 5

3 Achtung: Die Ziffer in der letzten Stelle ist eine Null!

Da stimmt doch was nicht!

Der letzte Rechenschritt fehlt.
Ich muss noch die 0 herunterholen.

Ich rechne jetzt wie Paul:
Wie oft passt die 5 in die 0?
0-mal.
Ich schreibe 0 neben die 5.

T	H	Z	E				T	H	Z	E
6	2	5	0	:	5	=	1	2	5	
5										
1	2									
1	0									
	2	5								
	2	5								
		0								

a) Wie hat Lisa gerechnet? Erkläre.

b) Übertrage ins Heft und rechne zu Ende.

c) Kontrolliere das Ergebnis mit dem Taschenrechner

4 Rechne im Heft. Achte auf die Null in der letzten Stelle.

a) 9340 : 2
7340 : 2
5340 : 2

b) 6350 : 5
6450 : 5
6650 : 5

c) 9240 : 7
★ 8540 : 7
7910 : 7

d) 9840 : 8
★ 1760 : 8
2560 : 8

Schriftliche Division mit Zehnerzahlen

1 Inas Bruder arbeitet in einem Gartencenter. Heute ist eine Lieferung mit 8 360 Blumenzwiebeln eingetroffen. Inas Bruder muss die Zwiebeln jetzt in Tüten zu 20 Stück verpacken.

a) Was soll ausgerechnet werden?

b) Erkläre, wie Ina gerechnet hat.

c) Wie lautet die Antwort?

Ina rechnet:

```
T H Z E               T H Z E
8 3 6 0 : 2 0 =   0 4 1 8
0
8 3
8 0
  3 6
  2 0
  1 6 0
  1 6 0
      0
```

2 Wie viele Tüten werden jeweils benötigt? Berechne.

Gärtnerei Klaus
Lieferschein
Blumenzwiebeln

Sorten	Stückzahl
Tulpen	3580
Narzissen	7800
Anemonen	4650
Krokusse	6240

a) Tulpen (20 Stück/Tüte)

b) Narzissen (40 Stück/Tüte)

c) Anemonen (50 Stück/Tüte)

d) Krokusse (30 Stück/Tüte)

3 Rechne im Heft. Kontrolliere dein Ergebnis mit dem Taschenrechner.

a)	b)	c)	d)
9 780 : 20	9 360 : 40	6 750 : 50	2 370 : 30
7 780 : 20	9 440 : 40	6 850 : 50	2 430 : 30
5 780 : 20	9 760 : 40	6 950 : 50	2 490 : 30

4 Rechne im Heft. Was fällt dir auf?

a)	b)	c)	d)
3 780 : 20	5 720 : 40	1 684 : 4	1 446 : 3
3 780 : 2	5 720 : 4	1 684 : 2	1 446 : 6
9 360 : 20	9 840 : 40	1 724 : 4	2 652 : 3
9 360 : 2	9 840 : 4	1 724 : 2	2 652 : 6

Zusätzliches Angebot für leistungsstarke Schülerinnen und Schüler

Aufgaben für Profis

1 Dividiere schriftlich. Kontrolliere dein Ergebnis mit dem Taschenrechner.

a) 5784 : 2 | 4 | 6 | 8

★ b) 7848 : 2 | 4 | 6 | 8

2 Dividiere schriftlich. Rechne mit Probe.

a) 6822 : 3 | 5 | 7 | 9

★ b) 8470 : 3 | 5 | 7 | 9

3 Rechne im Heft. Kontrolliere dein Ergebnis mit dem Taschenrechner.

a)	b)	c) ★	d) ★
1760 : 20	5350 : 50	2580 : 30	9640 : 40
3540 : 20	6550 : 50	2670 : 30	9800 : 40
5320 : 20	7150 : 50	2610 : 30	9920 : 40
7120 : 20	9250 : 50	2550 : 30	9840 : 40

4 Klecksaufgaben

a)

```
T H Z E         T H Z E
1 2 7 8 : 9 = ✱ 1 4 2
0
1 2
  9
  3 7
  3 6
    1 8
    1 8
      0
```

b)

```
T H Z E         T H Z E
6 3 5 0 : 5 = 1 2 7 ✱
5
1 3
1 0
  3 5
  3 5
    0 0
      0
      0
```

5 Die neun Kühe von Bauer Ewald haben in einer Woche 1512 l Milch gegeben.

a) Wie viele Liter Milch hat eine Kuh gegeben, wenn alle Kühe gleich viel Milch geben?

b) Wie viel Milch gibt eine Kuh an einem Tag?

6 Rechenrätsel

★

Wenn du meine Zahl mit 2 malnimmst, erhältst du 2468.

Du erhältst 9720, wenn du meine Zahl mit 40 malnimmst.

Der Kalender

1 Erzähle.

Februar

Mo		6	13	20	27
Di		7	14	21	28
Mi	1	8	15	22	29
Do	2	9	16	23	
Fr	3	10	17	24	
Sa	4	11	18	25	
So	5	12	19	26	

März

Mo		5	12	19	26
Di		6	13	20	27
Mi		7	14	21	28
Do	1	8	15	22	29
Fr	2	9	16	23	30
Sa	3	10	17	24	
So	4	11	18	25	

2 Schau im Kalender nach.

a) Welches Datum ist …

am ersten Sonntag im März?
am letzten Freitag im März?
am letzten Sonntag im Februar?

b) Welches Datum ist …

am zweiten Mittwoch im Februar?
am vierten Montag im März?
am dritten Dienstag im Februar?

c) Welches Datum gibt es nur im Schaltjahr? Welcher Wochentag ist das?

3 Wann wurde Miras Bruder geboren?

Oktober

Mo	1	8	15	22	29
Di	2	9	16	23	30
Mi	3	10	17	24	31
Do	4	11	18	25	
Fr	5	12	19	26	
Sa	6	13	20	27	
So	7	14	21	28	

November

Mo		5	12	19	26
Di		6	13	20	27
Mi		7	14	21	28
Do	1	8	15	22	29
Fr	2	9	16	23	30
Sa	3	10	17	24	
So	4	11	18	25	

Arbeite mit einem Kalender.

4 Welches Datum ist heute? Welches Datum war dann …

a) vor 2 Tagen,
vor 1 Woche,
vor 2 Wochen,

b) vor 1 Woche 2 Tagen,
vor 2 Wochen 4 Tagen,
vor 1 Monat,

c) vor 2 Monaten,
vor 3 Monaten 4 Tagen,
vor 1 Monat 2 Wochen?

5 Übertrage ins Heft und ergänze.

a)

	1 Woche vorher	2 Wochen vorher
27.3.		
16.10.		
30.8.		
20.12.		

b)

	3 Monate vorher	7 Monate vorher
8.11.		
15.9.		
22.12.		
17.8.		

Wie spät ist es?

1 Wie spät ist es? Lies auf die Minute genau ab.

a)  b)  c)  d)  e) 

2 Stelle die Uhrzeiten auf der Lernuhr ein.

a) 4:51 Uhr 12:29 Uhr 8:06 Uhr 2:47 Uhr 6:11 Uhr

b) 15:42 Uhr 19:24 Uhr 22:09 Uhr 13:33 Uhr 17:59 Uhr

3 Erzähle.

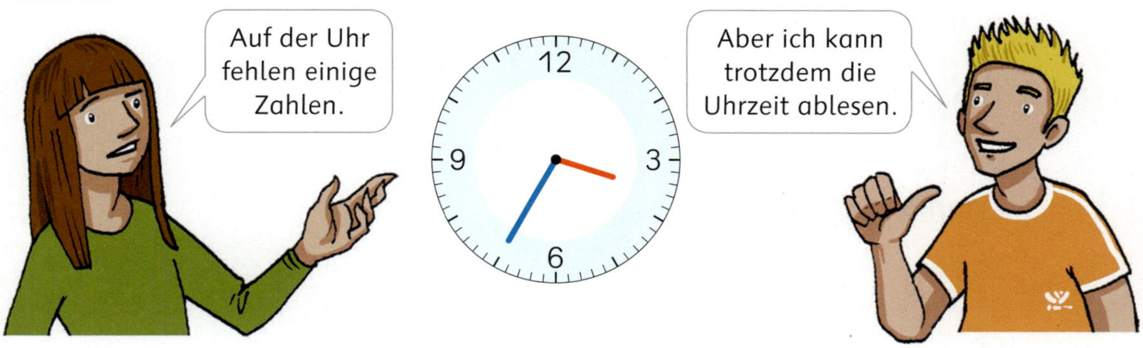

4 Wie viele Minuten nach 10 Uhr zeigt die Uhr an?

a)  b)  c)  d)  e) 

5 Welche Uhren gehören zusammen?

A  B  C  D  E 

1 2:41 2 5:38 3 11:26 4 9:12 5 7:53

Uhrzeit für Profis

1 Erzähle.

2 Wie viele Minuten nach 9 Uhr zeigt die Uhr an?

a) 
b) 
c) 
d) 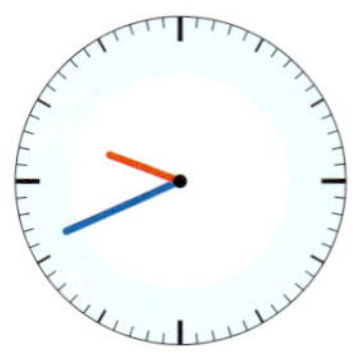
e) 

3 Welche Uhren gehören zusammen?

A 
B 
C 
D 
E 

1 8:07
2 5:40
3 10:14
4 12:23
5 4:53

4 Wie spät ist es? Lies auf die Minute genau ab.

a) 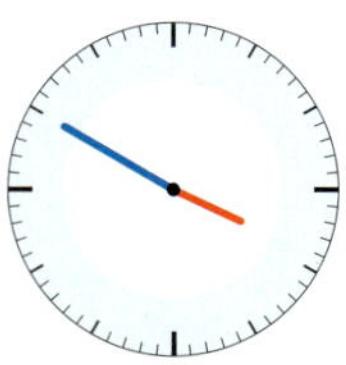
b) 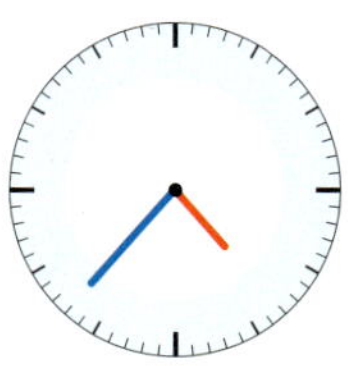
c) 
d) 
e) 

5 Stelle die Uhrzeiten auf der Lernuhr ein.

a) 5:11 Uhr   8:57 Uhr   10:34 Uhr   2:29 Uhr   4:07 Uhr

b) 23:38 Uhr   14:51 Uhr   19:29 Uhr   13:48 Uhr   21:06 Uhr

Projekt „Römische Zahlen“

1 Erzähle.

2 a) Übertrage ins Heft und ergänze.

	1	2	3	4	5	6	7	8	9	10	11	12
Römische Zahl	I											

b) Aus welchen Buchstaben werden die römischen Zahlen gebildet?

3 Wie spät ist es?

a) 
b) 
c) 
d) 
e) 

4 Übertrage ins Heft und ergänze.

Die 18 setzt sich zusammen aus der 10 und der 8.

Für die 30 steht dreimal hintereinander die 10.

Die 16 sieht aus wie eine 10 und eine 6.

Für die 25 schreibt man zweimal die 10 und dann die 5.

	Römische Zahl
18	
30	
16	
25	

5 Kannst du diese Aufgaben rechnen?

a) VII + III = ☐
IV + IX = ☐

b) XII − VIII = ☐
XX − VI = ☐

c) II · IV = ☐
V · III = ☐

d) X : V = ☐
XVI : IV = ☐

Stunden, Minuten und Sekunden

1 Erzähle.

1 h = 60 min

2 a) Schreibe in min: 2 h   7 h   4 h   9 h

2 · 6 0 min =

b) Schreibe in h: 180 min   600 min   300 min   60 min

3 a) Schreibe in min: 1 h 50 min   1 h 30 min   1 h 25 min

b) Schreibe in h und min: 100 min   75 min   110 min

1 Stunde sind 60 Minuten.
60 min + 50 min …

4 Schreibe in min. Ordne. Beginne mit der kürzesten Zeitspanne.

a) 1 h 15 min   80 min   2 h

b) 140 min   2 h 30 min   100 min

5 a) Schreibe in min: 15 h   18 h   20 h   30 h   40 h

★ b) Schreibe in h: 720 min   780 min   840 min   900 min   960 min

6 Welches Kind muss eher zuhause sein?

Begründe.

7 Weißt du es noch? Schreibe ins Heft und ergänze.

★

Eine Stunde sind   Minuten.

1 h =   min

Eine halbe Stunde sind   Minuten.

½ h =   min

8 Erzähle.

1 min = 60 s

9 a) Schreibe in s: 8 min 10 min 5 min 3 min

8 · 60 s =

b) Schreibe in min: 240 s 420 s 540 s 120 s

10 a) Schreibe in s: 2 min 10 s 2 min 40 s 2 min 25 s

b) Schreibe in min und s: 140 s 170 s 155 s

2 Minuten sind 120 Sekunden. 120 s + 10 s …

11 Schreibe in s. Vergleiche. >, < oder =?

a)			b)			c)		
1 min	●	90 s	5 min	●	270 s	7 min 15 s	●	440 s
1 min 40 s	●	100 s	4 min	●	250 s	3 min 5 s	●	195 s
130 s	●	130 s	9 min	●	500 s	8 min	●	460 s
1 min 45 s	●	115 s	6 min	●	380 s	4 min 35 s	●	265 s

12 a) Schreibe in s: 13 min 15 min 19 min 20 min 25 min

★ b) Schreibe in min: 900 s 660 s 7 800 s 960 s 840 s

13 Wie viele Sekunden hat eine Stunde?

1 Stunde sind 60 Minuten …

… und wenn ich die 60 Minuten in Sekunden umrechnen will, rechne ich noch **60 · 60**.

14 Kannst du es schon? Schreibe erst in min und dann in s.

★ 1 h 30 min = 60 min + 30 min = 90 min

90 · 60 s =

a) 1 h 30 min
1 h 10 min
1 h 20 min
1 h 50 min

b) 2 h
2 h 10 min
2 h 20 min
2 h 40 min

Zeitpunkte

1 Erzähle.

2 a) Rechne 3 Stunden dazu: 5:40 Uhr 18:26 Uhr 9:05 Uhr 20:57 Uhr

b) Rechne 17 Minuten dazu: 14:31 Uhr 7:19 Uhr 23:27 Uhr 8:41 Uhr

c) Rechne 2 Stunden 8 Minuten dazu: 16:47 Uhr 4:39 Uhr 21:05 Uhr

3 a) Murat geht um 21:00 Uhr ins Bett. Nach 9 Stunden klingelt sein Wecker. Wann steht er auf?

b) Am Samstag darf Murat bis 22 Uhr wach bleiben. Er schläft dann 11 Stunden. Wann steht er am Sonntag auf?

4 a) Rechne 10 Stunden dazu: 17:00 Uhr 23:00 Uhr 15:00 Uhr 21:00 Uhr

b) Rechne 16 Stunden dazu: 18:00 Uhr 11:00 Uhr 22:00 Uhr 9:00 Uhr

c) Rechne 5 Stunden dazu: 23:30 Uhr 20:30 Uhr 22:30 Uhr 19:30 Uhr

5 Paul braucht 30 Minuten für den Schulweg.

a) Am Montag hat er um 13:40 Uhr Unterrichtsschluss. Wann kommt er zuhause an?

b) Am Freitag hat er um 12:50 Uhr Schluss. Wann ist er am Freitag zuhause?

6 a) Rechne 50 Minuten dazu: 8:40 Uhr 8:20 Uhr 8:50 Uhr 8:30 Uhr

b) Rechne 40 Minuten dazu: 9:50 Uhr 22:40 Uhr 7:40 Uhr 16:30 Uhr

c) Rechne 20 Minuten dazu: 7:55 Uhr 19:45 Uhr 10:52 Uhr 21:58 Uhr

7 Dennis und Anna wollen den Film „Benny und Anne“ sehen.
Wann kommen die beiden aus dem Kino?

8 Fatima und ihre Eltern holen ihre Oma vom Bahnhof ab. Fatimas Vater löst einen Parkschein für 45 Minuten.
Wann hat er den Parkschein gekauft?

9
a) Rechne 4 Stunden zurück: 9:53 Uhr 23:18 Uhr 12:41 Uhr 4:37 Uhr
b) Rechne 23 Minuten zurück: 22:46 Uhr 5:37 Uhr 19:23 Uhr 8:51 Uhr
c) Rechne 2 Stunden 15 Minuten zurück: 20:49 Uhr 7:54 Uhr 13:16 Uhr

10
a) Tim steht jeden Morgen um 6:00 Uhr auf.
Wann ist er ins Bett gegangen?
b) Seine große Schwester steht zur selben Zeit auf. Sie schläft aber nur 7 Stunden.
Wann geht sie ins Bett?

11
a) Rechne 9 Stunden zurück: 6:00 Uhr 2:00 Uhr 8:00 Uhr 4:00 Uhr
b) Rechne 15 Stunden zurück: 10:00 Uhr 5:00 Uhr 7:00 Uhr 1:00 Uhr
★ c) Rechne 6 Stunden zurück: 0:30 Uhr 4:30 Uhr 3:30 Uhr 1:30 Uhr

12
a) Rechne 40 Minuten zurück: 12:10 Uhr 12:30 Uhr 12:20 Uhr 12:00 Uhr
b) Rechne 50 Minuten zurück: 9:30 Uhr 23:30 Uhr 18:40 Uhr 6:10 Uhr
★ c) Rechne 25 Minuten zurück: 11:15 Uhr 13:00 Uhr 17:20 Uhr 18:10 Uhr

13 Ömer und Paul wollen sich um 17:20 Uhr am Fußballplatz treffen.
Paul läuft 30 Minuten von zuhause.
a) Wann geht Paul zuhause los?
b) Wann fährt Ömer los?

Zeitdauer

1 Erzähle.

2 Der kleine Zeiger hat sich bewegt. Wie viele Stunden sind vergangen?

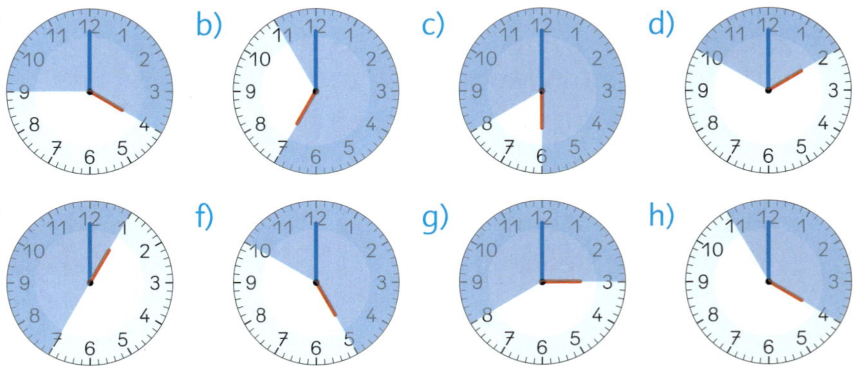

a) b) c) d) e) f) g) h)

3 Übertrage ins Heft und ergänze.

a)

Beginn	Dauer	Ende
23:00 Uhr		6:00 Uhr
19:00 Uhr		8:00 Uhr
20:00 Uhr		10:00 Uhr
22:00 Uhr		4:00 Uhr
18:00 Uhr		2:00 Uhr

b) ★

Beginn	Dauer	Ende
23:30 Uhr		6:30 Uhr
21:30 Uhr		7:30 Uhr
20:30 Uhr		5:30 Uhr
18:30 Uhr		0:30 Uhr
19:30 Uhr		4:30 Uhr

4 Ole möchte heute seinen Freund Sam in Australien anrufen. Um 21:00 Uhr wählt er die Nummer seines Freundes. Wie viele Stunden beträgt die Zeitverschiebung zwischen Deutschland und Australien?

5 Wie viel Zeit hat Murat noch?

6 Der große Zeiger hat sich bewegt. Wie viele Minuten sind vergangen?

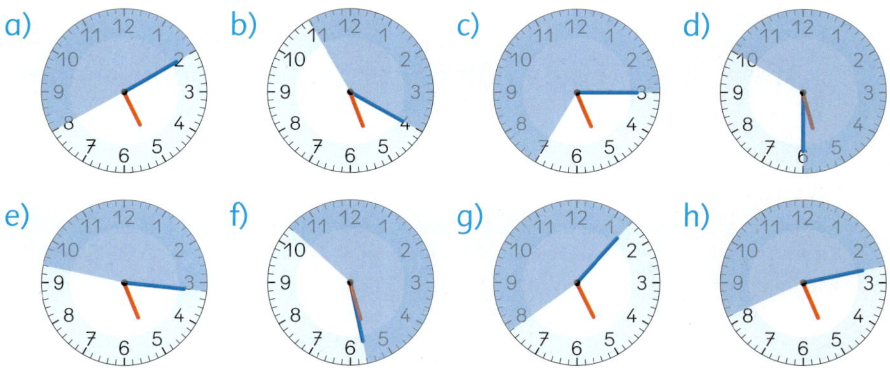

7 Übertrage ins Heft und ergänze.

a)

Beginn	Dauer	Ende
8:30 Uhr		9:15 Uhr
8:45 Uhr		9:05 Uhr
8:50 Uhr		9:40 Uhr
8:25 Uhr		9:10 Uhr
8:40 Uhr		9:15 Uhr

b) ★

Beginn	Dauer	Ende
17:43 Uhr		18:21 Uhr
17:56 Uhr		18:37 Uhr
17:38 Uhr		18:06 Uhr
17:52 Uhr		18:17 Uhr
17:19 Uhr		18:03 Uhr

8

Die Kinder der Klasse 6b holen gerade ihren Auflauf aus dem Ofen. Um 11:25 Uhr haben sie den Auflauf in den Ofen geschoben.
Wie lange stand der Auflauf im Ofen?

Fahrplan

NordWestBahn Gut unterwegs.

RE 10 Kleve – Geldern – Krefeld – Düsseldorf
„Niers-Express" **RE 10**

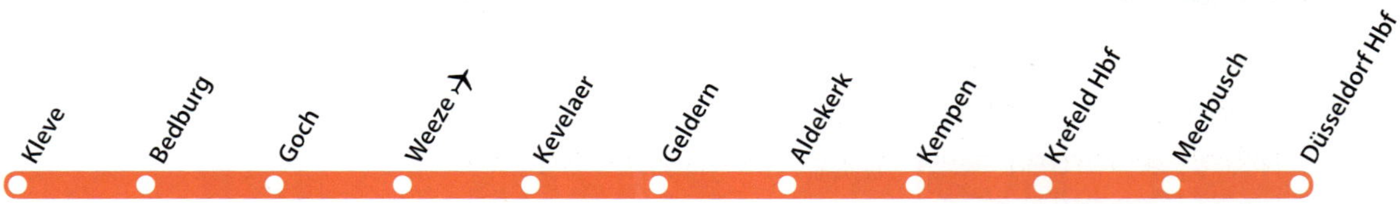

1 a) Wie heißt dieser Zug?

b) Ist dieser Zug ein Intercity oder ein Regionalexpress?
Woran kannst du das erkennen?

c) An welchem Flughafen hält dieser Zug?

d) In welchen Städten hält dieser Zug am Hauptbahnhof?

Haltestellen		Abfahrtszeiten																
		Montag – Freitag										Samstag				Sonn-/Feiertag		
Kleve	ab	4.25	4.55	5.25	5.55	6.19	6.49		18.19		22.19	5.25	6.19		22.19	6.19		22.19
Bedburg	an	31	5.00	31	6.00	25	55		25		25	31	25		25	25		25
Bedburg	ab	31	01	31	01	29	59		29		29	31	29		29	29		29
Goch		38	08	38	08	35	7.05		35		35	38	35		35	35		35
Weeze	an	44	14	44	14	41	11		41		41	44	41		41	41		41
Weeze	ab	45	15	45	15	45	15		45		45	45	45		45	45		45
Kevelaer		51	21	51	21	51	21	alle	51	alle	51	51	51	alle	51	51	alle	51
Geldern		58	28	58	28	58	28	30	58	60	58	58	58	60	58	58	60	58
Aldekerk		5.04	34	6.04	34	7.04	34	Min.	19.04	Min.	23.04	6.04	7.04	Min.	23.04	7.04	Min.	23.04
Kempen		15	45	15	45	15	45		15		15	15	15		15	15		15
Krefeld Hbf	an	24	54	24	54	24	54		24		24	24	24		24	24		24
Krefeld Hbf	ab	26	56	26	56	26	56		26		26	26	26		26	26		26
Meerbusch		37	07	37	07	38	07		38		38	37	37		37	37		37
Düsseldorf Hbf	an	5.52	6.22	6.52	7.22	7.52	8.22		19.52		23.52	7.22	7.52		23.52	7.52		23.52

2 a) Wann fährt am Montagmorgen der erste Zug in Kleve ab?
Wann kommt am Montagmorgen der erste Zug in Düsseldorf an?

b) Wann fährt am Samstagabend der letzte Zug in Kleve ab?
Wann kommt am Samstagabend der letzte Zug in Düsseldorf an?

c) Wann fährt am Sonntag der erste Zug in Kleve ab?
Wann kommt am Sonntag der letzte Zug in Düsseldorf an?

3

a) Gib für alle Züge zwischen 6:49 Uhr und 18:19 Uhr die Abfahrtzeiten an.

b) Zwischen 18:19 Uhr und 22:19 Uhr fährt alle 60 Minuten ein Zug ab. Gib für diese Züge die Abfahrtszeiten an.

4 a) In welchen Städten hält der Zug? Wann hält am Montagmorgen der erste Zug in diesen Städten? Schreibe ins Heft.

b) Wann hält am Samstagabend der letzte Zug in diesen Städten? Schreibe ins Heft.

Bedburg:	4:31 Uhr
Goch:	4:38 Uhr
…	…

5

a) Paul fährt bis Geldern zur Schule. Wann steigt er aus?

b) Sein Vater fährt nach Krefeld zur Arbeit. Wann hält der Zug in Krefeld?

6 Wie lange fährt der erste Zug am Montagmorgen von Kleve nach …

a) Goch, Weeze, Geldern?

b) Aldekerk, Krefeld?

Abfahrt: Kleve	4:25 Uhr			
Ankunft: Goch	4:38 Uhr,	Weeze	4:44 Uhr,	…
Fahrzeit:	13 min,		…	

7 Wie lange dauert im ersten Zug am Montagmorgen die Fahrt …

a) von Goch nach Geldern,

b) von Weeze nach Kevelaer,

c) von Aldekerk nach Düsseldorf?

d) Finde selbst Aufgaben.

Abfahrt Goch:	4:38 Uhr
Ankunft Geldern:	4:58 Uhr
Fahrzeit:	…

8

a) Wann kommt der Opa in Düsseldorf an?

b) Wie lange fährt der Zug von Goch nach Düsseldorf?

Schriftliche Subtraktion im Ergänzungsverfahren

Der Tankwagen ist mit 7408 l Heizöl beladen.
Bei Fatimas Familie werden 3235 l in den Heizöltank gepumpt.
Wie viele Liter bleiben noch im Heizölwagen?

Fatima schreibt:

Die Aufgabe heißt:
7408 **minus** 3235

Zuerst berechne ich die **Einer**:
Wie viel fehlt von 5 bis 8?
5 **plus** 3 **gleich** 8

	T	H	Z	E
	7	4	0	8
-	3	2	3	5
				3

Bei den **Zehnern**:
Wie viel fehlt von 3 bis 0?
Das kann ich nicht rechnen.
Ich verwende einen Rechentrick:
Ich denke mir zehn **Zehner** dazu.
Dann habe ich 10 **Zehner**.

	T	H	Z	E
			10	
	7	4	Ø	8
-	3	2	3	5
				3

Zum Ausgleich muss ich einen **Hunderter** mehr subtrahieren. Ich schreibe 1 bei den **Hundertern** dazu.

	T	H	Z	E
			10	
	7	4	Ø	8
-	3	2	3	5
		1		
				3

Nun kann ich bei den **Zehnern** rechnen:
Wie viel fehlt von 3 bis 10?
3 **plus** 7 **gleich** 10

	T	H	Z	E
			10	
	7	4	Ø	8
-	3	2	3	5
		1		
			7	3

Bei den **Hundertern** rechne ich nun:
1 **plus** 2 **gleich** 3
Wie viel fehlt von 3 bis 4?
3 **plus** 1 **gleich** 4

	T	H	Z	E
			10	
	7	4	Ø	8
-	3	2	3	5
		1		
		1	7	3

Zum Schluss berechne ich die **Tausender**:
Wie viel fehlt von 3 bis 7?
3 **plus** 4 **gleich** 7

	T	H	Z	E
			10	
	7	4	Ø	8
-	3	2	3	5
		1		
	4	1	7	3

Im Tankwagen bleiben 4173 l.

Wechsel der Rechenrichtung: Ergänzen von unten nach oben

Klick! Mathematik 6

Herausgegeben von
Prof. Dr. Franz B. Wember, Nottuln

Erarbeitet von
Dr. Thomas Breucker, Dortmund; Christel Gerling, Hilden; Maike Schindler, Essen; Petra Kühne, Berlin; Ines Zemkalis, Rodewald

Unter Beratung von
Bärbel Becher, Karlsbad (Baden); Dr. Stefanie Breuers, Hilden; Meike Busch, Hannover; Daniela Buss, Steyerberg; Kerstin Gärtig, Leipzig; Elisabeth Jenert, Otzberg; Birgit Leuermann, Dortmund; Daniela Linde, Schönerlinde; Cornelia Michalski, Leipzig; Dr. Axel Mittelberg, Osnabrück; Kati Steinecke, Saarbrücken

Redaktion: Nadja Diane, Jürgen Skrabal, Inga Knoff
Illustration: Timo Grubing, Münster
Umschlaggestaltung: Klein & Halm, Grafikdesign, Berlin
Layout und technische Umsetzung: Katrin Tengler

Bildnachweis:
S. 10: 1–5 Fotolia: 1 Eric Isselée; 2 Cmon; 3 Marion Neuhauß; 4 Outdoor Photo; 5 Andreas Hoffmann; S. 20: TEXAS INSTRUMENTS/Pressebild (verändert); S. 21: 1 TEXAS INSTRUMENTS/Pressebild; 2 Fotolia/frogger; S. 22/23: Christel Gerling, Hilden; S. 30: Apimages; S. 36: Fotolia/Maik Zeuge; S. 41–43: Peter Wirtz, Dormagen; S. 58: Ilan Smith; S. 68: 1 Cornelsen Verlagsarchiv; 2 Peter Wirtz, Dormagen; 3–7 Fotolia: 3 Wladimir Tolstich; 4 herb-art; 5 road runner; 6 Andrzej Tokarski; 7 Michael Brown; S. 71: Christel Gerling, Hilden; S. 72: 1 Fotolia/Vladislav Gajic; 2 Fotolia/Harald Lange; 3 Fotolia/Bernhard Lux; 4, 6 Cornelsen Verlag/Peter Hartmann; 5: Fotolia/Erik Schumann; 7 Fotolia/stockphoto-graf; 8–10 Fotolia: 8 Noah Golan; 9 Studiotouch; 10 Marcel Zeiß; S. 73: 1–5 Peter Wirtz, Dormagen; 6 Christel Gerling, Hilden; 7 Fotolia Fotodesign Märzinger; S. 74: Christel Gerling, Hilden; S. 75: 1 © Marianne Hähnsen, Garbsen; 2–5 Christel Gerling, Hilden; S. 100: 1–3 Fotolia: 1 Balke-Solid-GmbH; 2 Dimitri Koksharow; 3 PANORAMO.de; S. 105: picture-alliance/GODONG/Philippe Lissac; S. 108: Peter Wirtz, Dormagen; S. 112: 1 Fotolia/Kaarsten; 2,3 Cornelsen Verlagsarchiv; 4 Fotolia/fefufoto; 5 Peter Wirtz, Dormagen; S. 114/115: Christel Gerling, Hilden; S. 127: Shutterstock/powell's Point; S. 130: Fotolia/Elisabeth; S. 131: CARO/Giesen

www.cornelsen.de

1. Auflage, 5. Druck 2018

Alle Drucke dieser Auflage sind inhaltlich unverändert
und können im Unterricht nebeneinander verwendet werden.

Druck und Bindung: Livonia Print, Riga

ISBN 978-3-06-081752-8 (Schülerbuch)
ISBN 978-3-06-081759-7 (E-Book)

PEFC
PEFC/12-31-006

PEFC zertifiziert
Dieses Produkt stammt aus nachhaltig bewirtschafteten Wäldern und kontrollierten Quellen.

www.pefc.de